Langenscheidt

Training *plus* Mathe

Gymnasium 6. Klasse

Uwe Fricke

plus Online-Test- und Trainingscenter

Langenscheidt

Der Autor:
Uwe Fricke, Mathematiker B.Sc., Lehrer für Mathematik am Gymnasium, Inhaber und Leiter eines Instituts für Nachhilfe- und Zusatzunterricht, Autor mehrerer Lernhilfen und Mensa-Mitglied.

Projektmanagement: Dorothea Leiser, Langenscheidt KG, München
Projektbetreuung: Tilman Pflock für bookwise medienproduktion, München
Redaktion: Matthias Leibold, Dipperz
Layout: Cordula Schaaf, München
Illustrationen: Ute Ohlms, Braunschweig
Covergestaltung: KW 43 BRANDDESIGN, Düsseldorf
Coverfoto: Corbis Images

www.langenscheidt.de
www.langenscheidt.de/training-plus

Satz: Daniel Förster, Belgern; Carsten Klein, München
Repro: Lana Repro, Lana
Druck und Bindung: Stürtz GmbH, Würzburg

ISBN 978-3-468-60073-9

13010

Inhalt

1 KAPITEL

Bruchteile und Bruchzahlen

Bruchteile und Bruchzahlen begegnen dir in deinem täglichen Leben. Du sprichst von einer „viertel Stunde“, von einer „halben Tafel Schokolade“ oder vom „ersten Drittel“ im Eishockey. Sie dienen dazu, Teile eines Ganzen exakt darzustellen.

Alles klar?! ››› Übungen ››› Abschlusstest ››› Online-Weiterüben

1.1 Veranschaulichen von Bruchteilen

Was ist ein Bruch?

Alles klar?!

Stelle dir eine schöne runde Torte vor, die in 8 gleiche Stücke aufgeteilt ist. Ein Stück Torte entspricht genau einem Achtel der Torte, geschrieben $\frac{1}{8}$. Du isst drei Stücke, das sind $3 \cdot \frac{1}{8} = \frac{3}{8}$, dein bester Freund die restlichen fünf Stücke, also $5 \cdot \frac{1}{8} = \frac{5}{8}$.

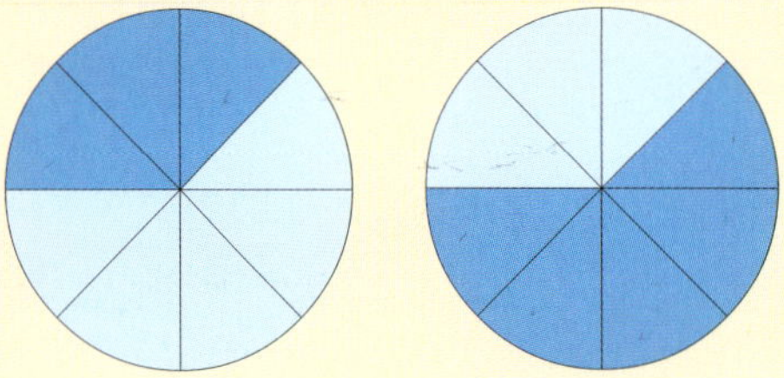

Von der Torte ist jetzt nichts mehr übrig. Die Teile $\frac{3}{8}$ und $\frac{5}{8}$ ergeben also zusammen die ganze Torte.

Diese Zahlzeichen (z. B. $\frac{3}{8}$) nennt man Brüche. Die Zahl über dem Bruchstrich heißt **Zähler**, die Zahl unter dem Bruchstrich heißt **Nenner**. Der Nenner gibt an, in wie viele Teile ein Ganzes zerlegt wird. Den Bruchstrich kann man wie den Rechenoperator „geteilt durch" betrachten.

Zähler → 2
Nenner → 3

$$\frac{2}{3} = 2:3$$

So bestimmt man einen Bruchteil

Diesmal wollen wir von einer Torte $\frac{7}{12}$ haben.

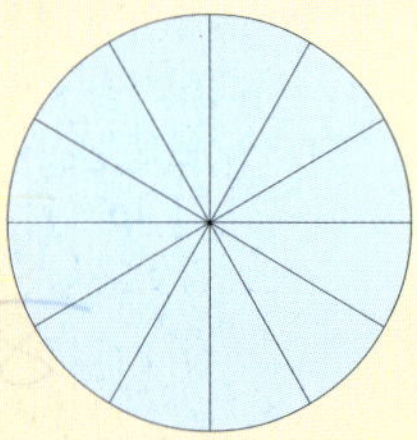

Dazu schneiden wir die Torte in 12 gleiche Stücke.

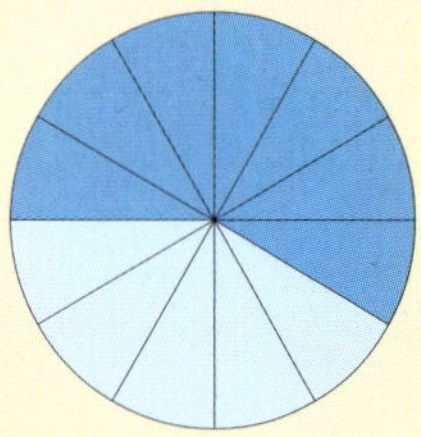

Danach nehmen wir uns sieben Stück: $7 \cdot \frac{1}{12} = \frac{7}{12}$.

Brüche lassen sich nicht nur mit Torten, sondern mit jeder Größe, z. B. mit geometrischen Flächen, Mengen und Zeiten darstellen.

Von einem Rechteck wollen wir $\frac{3}{4}$ bestimmen.

Dazu zerteilen wir die Fläche zunächst in vier gleich große Streifen.

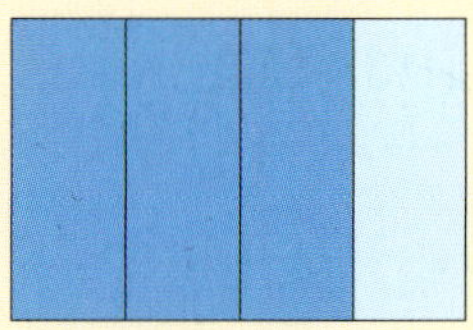

Dann schraffieren wir drei der vier Streifen und heben so den Anteil von $\frac{3}{4}$ hervor.

Übung 1 **Schraffiere die Brüche.**

a) $\frac{5}{10}$ von diesem Rechteck =

b) $\frac{7}{12}$ von diesem Kreis =

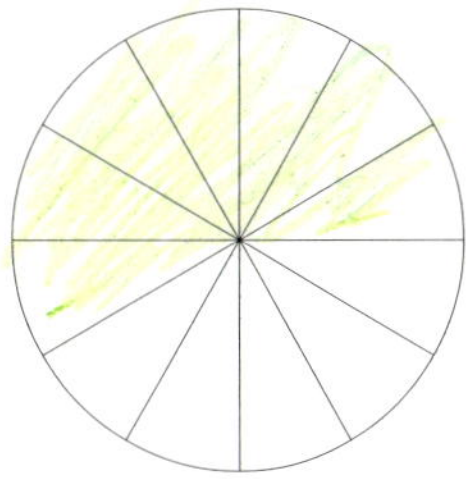

c) $\frac{1}{2}$ von diesem Quadrat =

d) $\frac{3}{7}$ von dieser Strecke =

e) $\frac{5}{6}$ von einem Sechseck =

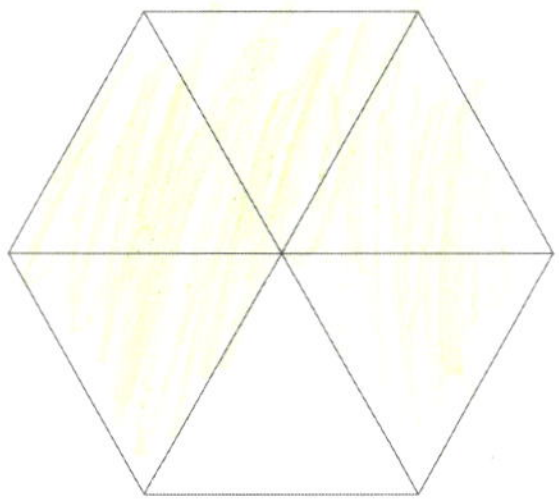

f) $\frac{1}{2}$ von einem Drachen ist

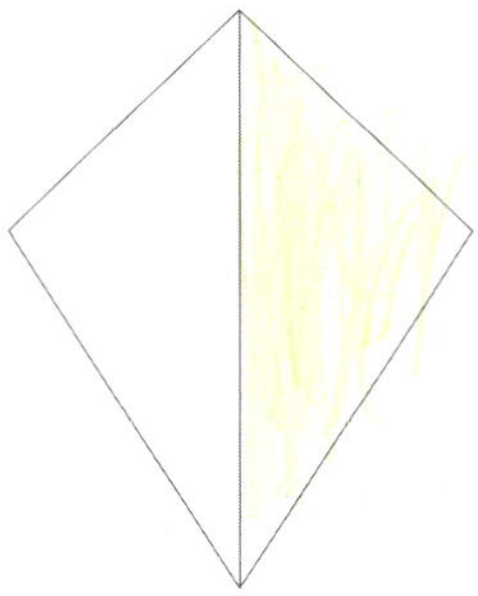

1.2 Erkennen und Berechnen von Bruchteilen

Erkennen von Bruchteilen

Alles klar?!

Welcher Bruch ist hier dargestellt?

1. Das Rechteck ist in 5 Teile zerlegt, also ist der **Nenner** des gesuchten Bruchs 5.
2. Von diesen 5 Teilen sind 3 hervorgehoben, also ist der **Zähler** 3.

Der gesuchte Bruch ist $\frac{3}{5}$.

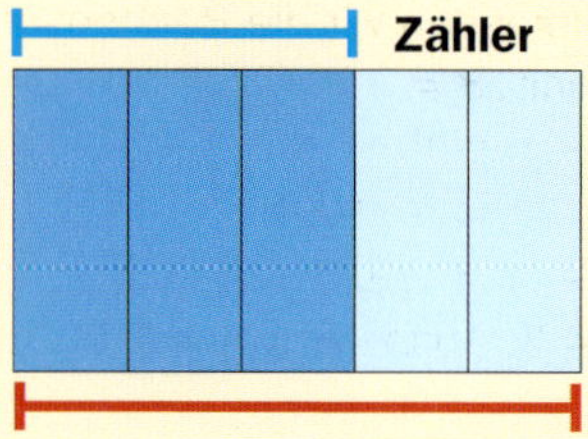

Beispiel: Welcher Bruch ist hier dargestellt?

1. Der Nenner ist 15, da wir insgesamt 15 Teile haben.
2. Der Zähler ist 7, da 7 Teile hervorgehoben sind.

Der gesuchte Bruch ist $\frac{7}{15}$.

Übung 1 **Welcher Bruch ist hier dargestellt?**

a) 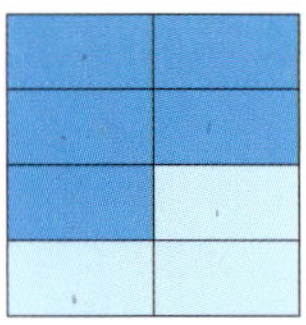 = $\frac{5}{8}$

b) 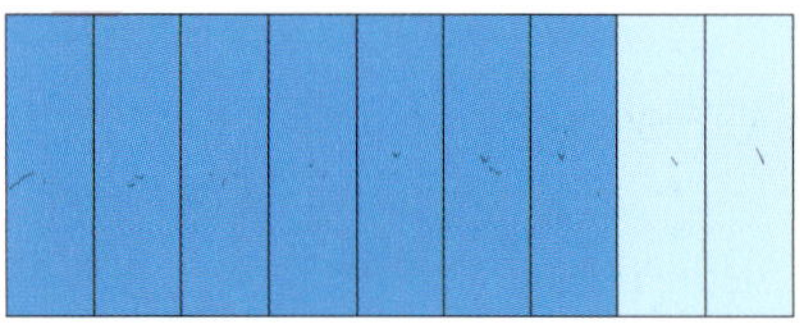 = $\frac{7}{9}$

c) 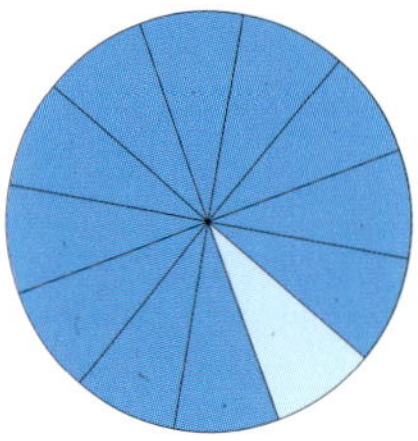 = $\frac{11}{12}$

Berechnung von Bruchteilen

Alles klar?!

Wie viele Bonbons sind $\frac{5}{8}$ von 24 Bonbons?

1. Der **Nenner** 8 gibt an, in wie viele gleich große Teilmengen wir die Bonbons aufteilen müssen.
   24 Bonbons : 8 = 3 Bonbons
2. Der **Zähler** 5 gibt an, dass wir 5 von diesen Teilmengen haben wollen.
   3 Bonbons · 5 = 15 Bonbons.
   $\frac{5}{8}$ von 24 Bonbons entspricht also 15 Bonbons.

Beispiel: Wie viel ist $\frac{5}{6}$ von 12 cm?

Wir zerlegen die Strecke in 6 Teile → 12 cm : 6 = 2 cm.

Von diesen Teilen benötigen wir 5.

2 cm · 5 = 10 cm. Daraus folgt: $\frac{5}{6}$ von 12 cm = 10 cm.

Beispiel: Tina hat 20 € von ihren Großeltern bekommen. Ihre Mutter hat gesagt, dass sie $\frac{3}{10}$ davon ausgeben darf, den Rest soll sie sparen.

$\frac{1}{10}$ von 20 € = 20 € : 10 = 2 €

3 · 2 € = 6 €. Tina darf 6 € ausgeben und spart 14 €.

››› Übung 2 Berechne die Bruchteile.

a) $\frac{2}{5}$ von 25 km = 10km

b) $\frac{5}{6}$ von 30 min = 25min

c) $\frac{3}{8}$ von 160 kg = 60kg

d) $\frac{5}{100}$ von 2000 m = 100m

e) $\frac{7}{10}$ von 80 € = 42€

f) $\frac{23}{50}$ von 100 cm = 46 cm

1.3 Erweitern und Kürzen von Brüchen

Erweitern und Kürzen von Brüchen mit gleichem Wert

Alles klar?!

Es gibt verschiedene Brüche mit gleichem Wert.

Bespiel: Wir zerlegen eine Torte jeweils in 2, 4 und 8 gleiche Teile und zählen, wie viele Teile die Hälfte der Torte bilden.

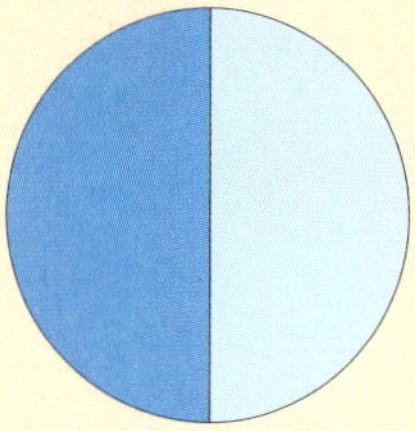
$= \frac{1}{2}$

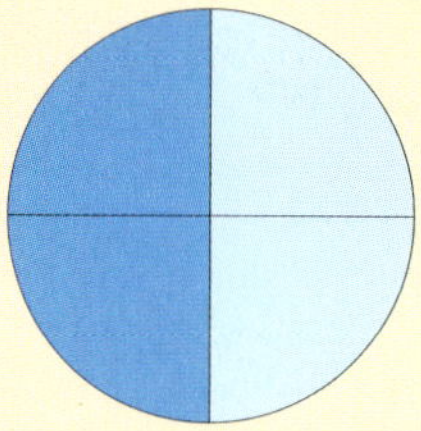
$= \frac{2}{4}$

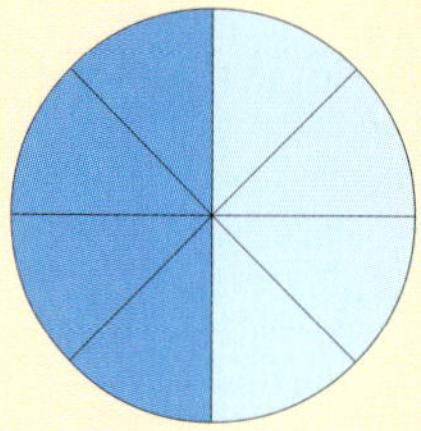
$= \frac{4}{8}$

Man sieht, dass die Brüche $\frac{1}{2}, \frac{2}{4}$ und $\frac{4}{8}$ den gleichen Anteil der Torte beschreiben. Es macht also keinen Unterschied, ob man eins von zwei Stücken, zwei von vier Stücken oder vier von acht Stücken einer Torte isst. Der Anteil an der Torte bleibt gleich, wenn Zähler und Nenner jeweils verdoppelt werden: $\frac{1}{2} = \frac{1 \cdot 2}{2 \cdot 2} = \frac{2}{4} = \frac{2 \cdot 2}{4 \cdot 2} = \frac{4}{8}$

Multipliziert man einen Bruch im Zähler und im Nenner mit der gleichen Zahl, so heißt das **Erweitern**, der Bruch ändert dabei seinen Wert nicht.

Beispiel:
Wir erweitern den Bruch $\frac{3}{5}$ mit 4.

$\frac{3}{5} = \frac{3 \cdot 4}{5 \cdot 4} = \frac{12}{20}$

Dividiert man einen Bruch im Zähler und im Nenner durch die gleiche Zahl, so heißt das **Kürzen**, auch hier verändert sich der Wert des Bruchs nicht.

Beispiel:
Wir kürzen den Bruch $\frac{9}{12}$ mit 3.

$\frac{9}{12} = \frac{9:3}{12:3} = \frac{3}{4}$

Merke:

Ein Bruch kann nur dann gekürzt werden, wenn Zähler und Nenner einen gemeinsamen Teiler haben.

Übung 1 Erweitere den Bruch mit dem angegebenen Faktor.

a) $\frac{4}{5}$ mit 3 $\frac{12}{15}$

b) $\frac{5}{6}$ mit 7 $\frac{35}{42}$

c) $\frac{3}{25}$ mit 4 $\frac{12}{90}$

d) $\frac{3}{8}$ mit 15 $\frac{45}{120}$

e) $\frac{6}{13}$ mit 5 $\frac{30}{65}$

f) $\frac{4}{9}$ mit 13 $\frac{52}{117}$

g) $\frac{2}{7}$ mit 11 $\frac{22}{77}$

h) $\frac{5}{12}$ mit 14 $\frac{70}{168}$

i) $\frac{17}{21}$ mit 5 $\frac{85}{105}$

j) $\frac{3}{5}$ mit 17 $\frac{51}{85}$

k) $\frac{16}{35}$ mit 4 $\frac{64}{100}$

l) $\frac{2}{15}$ mit 11 $\frac{22}{165}$

Mache die Dinge so einfach wie möglich, aber nicht einfacher.

Albert Einstein

Übung 2 Kürze den Bruch mit der angegebenen Zahl.

a) $\frac{15}{18}$ mit 3 $\frac{5}{6}$

b) $\frac{16}{24}$ mit 8 $\frac{2}{3}$

c) $\frac{25}{100}$ mit 25 $\frac{1}{4}$

d) $\frac{30}{75}$ mit 5 $\frac{6}{15}$

e) $\frac{32}{80}$ mit 16 $\frac{2}{5}$

f) $\frac{26}{65}$ mit 13 $\frac{2}{5}$

g) $\frac{75}{125}$ mit 25 $\frac{3}{5}$

h) $\frac{17}{85}$ mit 17 $\frac{1}{5}$

i) $\frac{225}{375}$ mit 75 $\frac{3}{5}$

j) $\frac{28}{154}$ mit 14 $\frac{2}{11}$

k) $\frac{800}{3600}$ mit 400 $\frac{2}{9}$

l) $\frac{68}{170}$ mit 34 $\frac{1}{5}$

Brüche vollständig kürzen

Alles klar?!

Ein Bruch heißt vollständig gekürzt, wenn Zähler und Nenner keinen gemeinsamen Teiler mehr haben, also nicht weiter gekürzt werden kann. Um einen Bruch vollständig zu kürzen, muss man ihn durch den **größten gemeinsamen Teiler (ggT)** teilen.

Beispiel: Gegeben ist der Bruch $\frac{24}{36}$. Wir bilden die Teilermengen von 24 und 36. Den größten gemeinsamen Teiler markieren wir rot.

$T_{24} = (1, 2, 3, 4, 6, 8, 12, 24)$
$T_{36} = (1, 2, 3, 4, 6, 9, 12, 18, 36)$

ggT (24,36) = 12, daraus folgt $\frac{24}{36} = \frac{24:12}{36:12} = \frac{2}{3}$.

Übung 3 **Kürze die Brüche vollständig.**

a) $\frac{9}{12}$ b) $\frac{20}{30}$ c) $\frac{15}{60}$ d) $\frac{39}{52}$

e) $\frac{28}{98}$ f) $\frac{26}{65}$ g) $\frac{27}{42}$ h) $\frac{16}{64}$

i) $\frac{35}{56}$ j) $\frac{34}{102}$ k) $\frac{54}{72}$ l) $\frac{39}{143}$

 Lösungen Seite 100

Brüche auf einen bestimmten Nenner erweitern

Alles klar?!

Wenn ein Bruch auf einen bestimmten Nenner erweitert werden soll, muss man Zähler und Nenner mit derselben Zahl multiplizieren.

Beispiel: $\frac{2}{5}$ soll auf einen Bruch mit dem Nenner 15 erweitert werden.

Der Nenner muss mit 3 malgenommen werden, da $3 \cdot 5 = 15$, also erweitern wir den gesamten Bruch mit 3 → $\frac{2 \cdot 3}{5 \cdot 3}$ und erhalten $\frac{6}{15}$.

Übung 4 **Erweitere den Bruch auf den gegebenen Nenner.**

a) $\frac{5}{8} = \frac{15}{24}$ b) $\frac{3}{5} = \frac{60}{100}$ c) $\frac{6}{7} = \frac{54}{63}$ d) $\frac{7}{10} = \frac{700}{1000}$

e) $\frac{3}{11} = \frac{15}{55}$ f) $\frac{4}{9} = \frac{48}{108}$ g) $\frac{9}{14} = \frac{45}{70}$ h) $\frac{7}{12} = \frac{77}{132}$

i) $\frac{4}{13} = \frac{16}{52}$ j) $\frac{19}{400} = \frac{95}{2000}$

1.4 Brüche als gemischte Zahlen und Prozente

Echte und unechte Brüche

Alles klar?!

Bisher haben wir nur **echte** Brüche kennengelernt, bei denen der Zähler **kleiner** ist als der Nenner. Diese **echten Brüche** sind kleiner als 1.

Es gibt auch **unechte** Brüche.
Hierbei ist der Zähler **größer** als der Nenner, z. B. $\frac{5}{3}$, $\frac{7}{5}$ oder $\frac{16}{7}$.

Unechte Brüche sind größer als 1 und lassen sich in **gemischte Zahlen** umwandeln.

Beispiel: Bei $\frac{5}{3}$ steckt der Nenner einmal im Zähler → $\frac{3}{3} = 1$. Im Zähler bleibt ein Rest von 2.

Diesen Bruch kann man als gemischte Zahl schreiben: $\frac{5}{3} = \frac{3}{3} + \frac{2}{3} = 1 + \frac{2}{3} = 1\,\frac{2}{3}$ (gesprochen Ein-Zwei-Drittel).

Der Bruch $\frac{5}{3}$ besteht also aus einem Ganzen und zwei Dritteln:

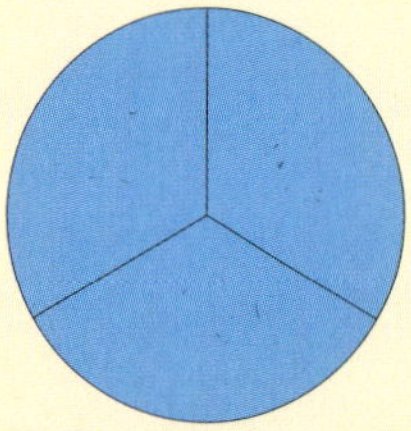
$= \frac{3}{3} = 1$

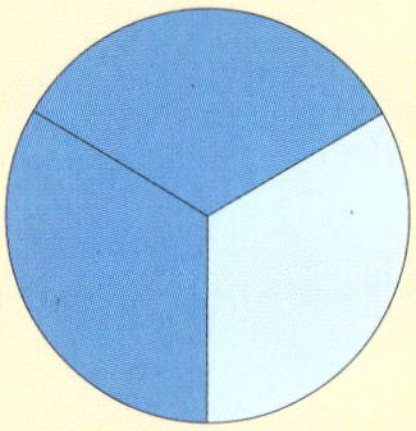
$= \frac{2}{3}$

Beispiel: Bei $\frac{18}{7}$ steckt der Nenner zweimal im Zähler und es bleibt ein Rest von 4.

$18:7 = 2$ Rest 4. Also sind $\frac{18}{7} = 2\,\frac{4}{7}$.

››› Übung 1 **Wandle die unechten Brüche in gemischte Zahlen um.**

a) $\frac{8}{5} =$ $1\frac{3}{5}$

b) $\frac{13}{10} =$ $1\frac{3}{10}$

c) $\frac{24}{7} =$ $3\frac{2}{7}$

d) $\frac{100}{9} =$ $11\frac{1}{9}$

e) $\frac{20}{3} =$ $6\frac{2}{3}$

f) $\frac{55}{8} =$ $7\frac{1}{8}$

Brüche als Prozente schreiben

Teile eines Ganzen lassen sich auch als Prozent (%) ausdrücken. Prozente sind gleichzusetzen mit Brüchen, die den Nenner 100 haben.

$\frac{13}{100}$ = 13 % (13 Prozent)

Um von einem Bruch auf die entsprechende Prozentzahl zu kommen, muss er so erweitert werden, dass im Nenner 100 steht.

Alles klar?!

Beispiel: Wie viel Prozent entspricht der Bruch $\frac{3}{4}$? Der Nenner muss mit 25 malgenommen werden: $4 \cdot 25 = 100$. Also erweitert man den ganzen Bruch mit 25.

$\frac{3}{4} \overset{25}{=} \frac{75}{100} = 75\,\%$

Umgekehrt lässt sich eine Prozentzahl auch in eine Bruchzahl umwandeln:

$20\,\% = \frac{20}{100} = \frac{1}{5}$

Übung 2 **Wandle die angegebenen Brüche in Prozent um.**

a) $\frac{3}{5}$ =

b) $\frac{4}{25}$ =

c) $\frac{17}{50}$ =

d) $\frac{1}{4}$ =

e) $\frac{1}{2}$ =

f) $\frac{3}{20}$ =

Übung 3 **Wandle die Prozentzahlen in vollständig gekürzte Brüche um.**

a) 36 %

b) 48 %

c) 39 %

d) 84 %

e) 20 %

f) 85 %

1.5 Größenvergleich zwischen Brüchen

Größe von Brüchen vergleichen

Alles klar?!

Man sieht zwei Brüchen nicht immer an, welcher von beiden der größere ist. Um dies festzustellen, werden die Brüche so erweitert, dass sie den gleichen Nenner haben. Dieses Vorgehen nennt man **die Nenner gleichnamig machen**. Dazu wird zunächst das **kgV (kleinste gemeinsame Vielfache)** der beiden Nenner bestimmt.

Beispiel: Wir vergleichen $\frac{4}{5}$ und $\frac{7}{9}$. Dazu bilden wir die Vielfachenmengen.

$V_5 = \{5, 10, 15, 20, 25, 30, 40, 45, 50, 55, \ldots\}$
$V_9 = \{9, 18, 27, 36, 45, 54, 63, \ldots\}$

Das kgV von 5 und 9 ist also 45.

$\frac{4}{5} = \frac{36}{45}$ und $\frac{7}{9} = \frac{35}{45}$, also ist $\frac{4}{5} > \frac{7}{9}$.

Beispiel: $\frac{5}{8}$ und $\frac{9}{14}$

$V_8 = \{8, 16, 24, 32, 40, 48, 56, 64, 72, 80, 88, \ldots\}$
$V_{14} = \{14, 28, 42, 56, 70, 84, \ldots\}$

kgV (8,14) = 56

$\frac{5}{8} = \frac{35}{56}$ und $\frac{9}{14} = \frac{36}{56}$, also ist $\frac{5}{8} < \frac{9}{14}$.

Übung 1 **Vergleiche die Größe folgender Brüche.**

a) $\frac{3}{4}$ und $\frac{11}{15}$

b) $\frac{7}{11}$ und $\frac{2}{3}$

c) $\frac{13}{18}$ und $\frac{3}{4}$

d) $\frac{17}{20}$ und $\frac{43}{50}$

e) $\frac{14}{25}$ und $\frac{8}{15}$

f) $\frac{5}{8}$ und $\frac{13}{20}$

g) $\frac{5}{18}$ und $\frac{7}{20}$

h) $\frac{12}{23}$ und $\frac{3}{5}$

i) $\frac{12}{19}$ und $\frac{4}{7}$

 Lösungen Seite 101

Abschlusstest (25 Minuten)

Aufgabe 1 $\frac{5}{6}$ vom angegebenen Rechteck ist?

Punkte: ☐ von 1

Aufgabe 2 Welcher Bruch ist hier dargestellt?

$\frac{13}{20}$

Punkte: ☐ von 1

Aufgabe 3 Berechne den Bruchteil.

$\frac{5}{8}$ von 16 km ist? 10 km

Punkte: ☐ von 1

Aufgabe 4 Erweitere den Bruch mit dem angegebenen Faktor.

a) $\frac{7}{9}$ mit 6 $\frac{42}{54}$

b) $\frac{12}{17}$ mit 4 $\frac{48}{68}$

c) $\frac{4}{125}$ mit 8 $\frac{32}{1000}$

Punkte: ☐ von 3

Aufgabe 5 Kürze den Bruch vollständig.

a) $\frac{12}{16}$ =:4 $\frac{3}{4}$

b) $\frac{25}{125}$ =:25 $\frac{1}{5}$

c) $\frac{24}{60}$ =:4 $\frac{6}{15}$ =:3 $\frac{2}{5}$

60 — 40:4=10, 20:4=5

Punkte: ☐ von 3

Aufgabe 6 Erweitere den Bruch auf den angegebenen Nenner.

a) $\frac{3}{4}$ auf $\frac{6}{12}$ b) $\frac{5}{12}$ auf $\frac{35}{84}$ c) $\frac{7}{25}$ auf $\frac{28}{100}$

Punkte: ☐ von 3

Aufgabe 7 Wandle den unechten Bruch in eine gemischte Zahl um.

a) $\frac{15}{8}$ $1\frac{7}{8}$ b) $\frac{18}{7}$ $2\frac{4}{7}$ c) $\frac{40}{13}$ $3\frac{1}{13}$ d) $\frac{59}{14}$ $4\frac{3}{14}$

Punkte: ☐ von 4

Aufgabe 8 Wandle die Brüche in Prozent um.

a) $\frac{7}{10}$ $\frac{70}{100} = 70\%$ b) $\frac{3}{4}$ $\frac{75}{100} = 75\%$ c) $\frac{3}{5}$ $\frac{60}{100} = 60\%$ d) $\frac{4}{25}$ $\frac{16}{100} = 16\%$

Punkte: ☐ von 4

Aufgabe 9 Vergleiche die Brüchen nach ihrer Größe.

a) $\frac{13}{16}$ und $\frac{17}{24}$ $\frac{13}{16} > \frac{17}{24}$ b) $\frac{3}{8}$ und $\frac{5}{12}$ $\frac{3}{8} < \frac{5}{12}$ c) $\frac{5}{6}$ und $\frac{18}{20}$ $\frac{5}{6} > \frac{18}{20}$

Punkte: ☐ von 3

Punkte: ☐ von 23

0–11 Punkte: Wiederhole noch einmal das Kapitel, dann wirst du es besser schaffen!

12–20 Punkte: Schon ziemlich gut, wiederhole die Themen, die dir beim Test Probleme gemacht haben.

21–23 Punkte: Super, alles verstanden!

KAPITEL 2

Dezimalzahlen

Brüche, die im Nenner eine 10, eine 100 oder jede andere Potenz der 10 haben, können als Dezimalzahl geschrieben werden. Die erste Stelle hinter dem Komma ist ein Zehntel, die zweite ein Hundertstel, die dritte ein Tausendstel und so weiter. Diese Zahlen hast du schon oft gesehen, bei Preisangaben im Supermarkt oder bei Größen- und Gewichtsangaben.

Alles klar?! ››› Übungen ››› Abschlusstest ››› Online-Weiterüben

2.1 Darstellung in der Stellenwerttafel

Brüche als Dezimalzahl

Alles klar?!

Brüche, die im Nenner 10, 100, 1000,... haben oder sich auf diese Nenner erweitern lassen, können als Dezimalzahl geschrieben werden.

Beispiel: Zunächst stellen wir Brüche in einer Stellenwerttafel dar. Die Tafel ist in Tausender, Hunderter, Einer, Zehntel, Hundertstel und Tausendstel unterteilt.

	T	H	Z	E	1/10	1/100	1/1000
$3\frac{45}{100}$				3	4	5	
$7\frac{35}{1000}$				7	0	3	5
$156\frac{204}{1000}$		1	5	6	2	0	4

Aus der Stellenwerttafel lassen sich die Dezimalzahlen ablesen.

$3\frac{45}{100} = 3{,}45$ $\quad 7\frac{35}{1000} = 7{,}035$ $\quad 156\frac{204}{1000} = 156{,}204$

Beispiel: Wir sehen uns verschiedene Dezimalzahlen in einer Stellenwerttafel an. Dann schreiben wir sie als Brüche.

	T	H	Z	E	1/10	1/100	1/1000
2,458				2	4	5	8
300,51		3	0	0	5	1	
10,027			1	0	0	2	7

$2{,}458 = 2 \cdot 1 + 4 \cdot \frac{1}{10} + 5 \cdot \frac{1}{100} + 8 \cdot \frac{1}{1000} = 2\frac{458}{1000}$

$300{,}51 = 3 \cdot 100 + 5 \cdot \frac{1}{10} + 1 \cdot \frac{1}{100} = 300\frac{51}{100}$

$10{,}027 = 1 \cdot 10 + 2 \cdot \frac{1}{100} + 7 \cdot \frac{1}{1000} = 10\frac{27}{1000}$

››› Übung 1 **Übertrage die Brüche in die Stellenwerttafel und schreibe sie als Dezimalzahl.**

	T	H	Z	E	1/10	1/100	1/1000	Dezimalzahzahl
$3\frac{4}{10}$								
$20\frac{35}{1000}$								
$1004\frac{104}{1000}$								

››› Übung 2 **Übertrage die Dezimalzahlen in die Stellenwerttafel und stelle sie als Bruch dar.**

	T	H	Z	E	1/10	1/100	1/1000	Bruch
2,04								
3,201								
2015,04								

2.2 Umwandeln von Dezimalzahlen in Brüche und von Brüchen in Dezimalzahlen

Umwandlung Dezimalzahl – Bruch

Alles klar?!

Die Anzahl der Stellen hinter dem Komma einer Dezimalzahl entspricht der Anzahl der Nullen im Nenner des Bruchs.

Beispiel: Gegeben ist die Zahl 0,45.

0,45	= $\frac{45}{100}$	= $\frac{9}{20}$
Es gibt zwei Stellen nach dem Komma,	also liegen Hundertstel vor.	Der Bruch kann mit 5 gekürzt werden.

Beispiel: Gegeben ist die Zahl 0,375

0,375	= $\frac{375}{1000}$	= $\frac{3}{8}$
Es gibt drei Kommastellen,	also liegen Tausendstel vor.	Der Bruch kann mit 125 gekürzt werden.

››› Übung 1 **Rechne die angegebene Dezimalzahl in einen Bruch um und kürze ihn vollständig.**

a) 0,25 $\frac{25}{100} = \frac{1}{4}$

b) 0,4 $\frac{4}{10} = \frac{2}{5}$

c) 0,625 $\frac{625}{1000} = \frac{125}{200} = \frac{25}{40} = \frac{5}{8}$

d) 0,98 $\frac{98}{100} = \frac{49}{50}$

e) 0,56 $\frac{56}{100} = \frac{14}{25}$

f) 0,48

g) 0,13 $\frac{13}{100}$

h) 0,35 $\frac{35}{100} = \frac{7}{20}$

i) 0,45

j) 0,92 $\frac{92}{100} = \frac{23}{25}$

k) 0,38 $\frac{38}{100} = \frac{19}{50}$

l) 0,24

Umwandlung Bruch – Dezimalzahl

Alles klar?!

Um Brüche in Dezimalzahlen umzuwandeln, muss der Nenner so erweitert werden, dass er 10, 100, 1000 usw. lautet.

Beispiel: Gegeben ist der Bruch $\frac{3}{4}$.

$$\frac{3}{4} \overset{25}{=} \frac{75}{100} = 0{,}75$$

4 ist kein Teiler von 10, aber von 100.

Wir müssen den Bruch also mit 25 erweitern

und erhalten so 0,75.

Beispiel: Gegeben ist der Bruch $\frac{68}{125}$

$$\frac{68}{125} \overset{8}{=} \frac{544}{1000} = 0{,}544$$

125 ist ein Teiler von 1000.

Man erweitert den Bruch mit 8 und erhält den Zähler 544

und die Dezimalzahl 0,544.

››› Übung 2 Stelle den angegebenen Bruch als Dezimalzahl dar.

a) $\frac{3}{5}$	$\frac{6}{10} = 0{,}6$	b) $\frac{7}{8}$	$\frac{875}{1000} = 0{,}875$	c) $\frac{4}{25}$	$\frac{16}{100} = 0{,}16$
d) $\frac{27}{400}$	$\frac{675}{10.000} = 0{,}0675$	e) $\frac{3}{4}$	$\frac{75}{100} = 0{,}75$	f) $\frac{39}{50}$	
g) $\frac{17}{500}$	$\frac{34}{10.000} = 0{,}0034$	h) $\frac{7}{125}$		i) $\frac{13}{250}$	
j) $\frac{31}{2000}$	$\frac{155}{10.000} = 0{,}0031$	k) $\frac{31}{50}$		l) $\frac{3}{400}$	

Umwandlung gemischte Zahl – Dezimalzahl

Alles klar?!

Auch **gemischte Zahlen** lassen sich als **Dezimalzahlen** darstellen. Dabei steht die ganze Zahl vor dem Komma und der Bruch wird in eine Dezimalzahl umgewandelt.

Beispiele: $5\,\frac{3}{4} = 5\,\frac{75}{100} = 5{,}75$ $4\,\frac{43}{500} = 4\,\frac{86}{1000} = 4{,}086$

Ebenso lassen sich **Dezimalzahlen** in **gemischte Zahlen** umwandeln. Dabei wird der Teil vor dem Komma zur ganzen Zahl und der Teil hinter dem Komma wird in einen Bruch umgewandelt.

Beispiele: $4{,}625 = 4\,\frac{625}{1000} = 4\,\frac{5}{8}$ $12{,}45 = 12\,\frac{45}{100} = 12\,\frac{9}{20}$

Merke:

Brüche können nur in Dezimalzahlen umgewandelt werden, wenn sich der Nenner zu einer Zehnerpotenz erweitern lässt, also zu 10, 100, 1000, …
Jede endliche Dezimalzahl kann in einen Bruch umgewandelt werden.

››› Übung 3 Wandle die gemischte Zahl in eine Dezimalzahl um.

a) $3\,\frac{1}{4}$ b) $10\,\frac{3}{5}$

c) $14\,\frac{3}{8}$ d) $24\,\frac{17}{250}$

e) $4\,\frac{1}{25}$ f) $3\,\frac{37}{125}$

››› Übung 4 Wandle die Dezimalzahl in eine gemischte Zahl um.

a) 2,485   b) 1,005

c) 12,14   d) 11,001

e) 2,041   f) 7,0005

 Lösungen Seite 103

2.3 Runden von Dezimalzahlen

Runden von Dezimalzahlen

Alles klar?!

Dezimalzahlen, die viele Stellen nach dem Komma haben, werden gewöhnlich auf zwei oder drei Nachkommastellen gerundet.

Soll eine Zahl auf zwei Nachkommastellen gerundet werden, betrachtet man die dritte Stelle nach dem Komma. Ist diese größer als 4, wird die zweite Stelle um eins erhöht. Man nennt das **aufrunden**.

Ist die dritte Stelle kleiner oder gleich 4, bleibt die zweite Stelle gleich. Das nennt man **abrunden**. Soll eine Zahl auf drei Nachkommastellen gerundet werden, zeigt die vierte Stelle nach dem Komma an, ob die dritte Stelle erhöht wird oder ob sie gleich bleibt.

Beispiele:

Runden auf zwei Nachkommastellen
4,2356 – Die dritte Stelle ist 5, also größer als 4. Es wird auf **4,24** aufgerundet. Die 3 wird auf 4 erhöht.
12,5123785 – Die dritte Stelle ist 2, also kleiner als 4. Es wird auf **12,51** abgerundet.

Runden auf drei Nachkommastellen
30,4234678 – Die vierte Stelle ist 4. Es wird auf **30,423** abgerundet.
17,051743 – Die vierte Stelle ist 7, also größer als 4. Es wird auf **17,052** aufgerundet.

Merke:

Auf wie viele Stellen gerundet wird, hängt auch von den Maßeinheiten ab. Bei der Einheit Kilometer sind zum Beispiel 3 Kommastellen sinnvoll. Ein Marathon ist 42,195 km lang, das entspricht 42 km und 195 m. Bei der Einheit Meter sind zwei Stellen sinnvoll. Die Körpergröße 1,76 m entspricht einem Meter und 76 cm.

››› Übung 1 **Runde auf zwei Nachkommastellen.**

a) 2,4064

b) 2,03145

c) 12,55585

d) 1001,4445666

e) 24,1256

f) 23,194

g) 12,4185

h) 0,006542

i) 3,199

j) 0,0485

k) 124,15499

l) 23,0145

››› Übung 2 **Runde auf drei Nachkommastellen.**

a) 0,004587

b) 15,00454

c) 4,000875

d) 0,405205

e) 2,1385452

f) 214,123548

g) 0,0012548

h) 1,0499999

i) 2,15449999

j) 0,1040585

k) 0,010495

l) 5,40587

> Die ganzen Zahlen hat der liebe Gott erschaffen, alles andere ist Menschenwerk.
>
> Leopold Kronecker, Mathematiker, 1823–1891

Abschlusstest (20 Minuten)

Aufgabe 1 **Trage die Dezimalzahl in die Stellenwerttafel ein und schreibe sie als Bruch.**

	T	H	Z	E	1/10	1/100	1/1000	Bruch
0,035								
4,75								
304,125								

Punkte: ☐ von 3

Aufgabe 2 **Trage den Bruch in die Stellenwerttafel ein und schreibe ihn als Dezimalzahl.**

	T	H	Z	E	1/10	1/100	1/1000	Dezimalzahzahl
$2\frac{12}{100}$								
$103\frac{176}{1000}$								
$3102\frac{7}{1000}$								

Punkte: ☐ von 3

Aufgabe 3 **Wandle die Dezimalzahlen in Brüche um.**

a) 0,24 ☐

b) 2,45 ☐

c) 0,625 ☐

d) 4,215 ☐

Punkte: ☐ von 4

Aufgabe 4 **Wandle die Brüche in Dezimalzahlen um.**

a) $\frac{2}{25}$

b) $\frac{37}{40}$

c) $\frac{375}{2000}$

d) $15\frac{3}{8}$

Punkte: ☐ von 4

Aufgabe 5 **Runde die folgenden Dezimalzahlen auf zwei Nachkommastellen.**

a) 4,2056

b) 20,4543

c) 12,11601

d) 13,009

Punkte: ☐ von 4

Punkte: ☐ von 18

0–9 Punkte: Wiederhole noch einmal das Kapitel, dann wirst du es besser schaffen!

10–15 Punkte: Schon ziemlich gut, wiederhole die Themen, die dir beim Test Probleme gemacht haben.

16–18 Punkte: Super, alles verstanden!

 Lösungen Seite 104

KAPITEL 3

Addition und Subtraktion rationaler Zahlen

Es gibt viele Situationen, in denen man zwei Bruchteile addieren oder subtrahieren muss. Aber was ergibt ein Drittel plus ein Halbes oder drei Viertel plus fünf Sechstel? Oder was ist 0,25 + 0,434 oder 15,215 + 4,65? Die Regeln, nach denen man solche Zahlen addiert und subtrahiert, tauchen in allen mathematischen Bereichen auf. Deshalb sind sie sehr wichtig.

Alles klar?! ››› Übungen ››› Abschlusstest ››› Online-Weiterüben

3.1 Addition und Subtraktion von Brüchen

Addition von Brüchen

Alles klar?!

Eine **Summe** besteht aus einzelnen **Summanden**: 1. Summand + 2. Summand = **Summe**
Die gesamte Rechnung nennt man **Addition**.

Brüche kann man addieren, wenn sie den **gleichen Nenner** haben.
Der Nenner verändert sich dabei nicht, nur die Zähler werden addiert.

Beispiele: $\frac{3}{7} + \frac{2}{7} = \frac{5}{7}$ $\frac{7}{15} + \frac{4}{15} = \frac{11}{15}$ $\frac{21}{56} + \frac{15}{56} = \frac{36}{56}$

Um zwei Brüche mit **ungleichen Nennern** zu addieren, muss man beide Brüche so erweitern, dass sie den gleichen Nenner haben. Man sagt: die Brüche gleichnamig machen.

Beispiel: Wir berechnen $\frac{2}{3} + \frac{1}{7}$. Zuerst bestimmen wir das kleinste gemeinsame Vielfache von 3 und 7.

$V_3 = \{3, 6, 9, 12, 15, 18, 21, 24, 27, \ldots\}$
$V_7 = \{7, 14, 21, 28, 35, \ldots\}$

Das kgV (3,7) = 21

Daraus folgt: $\frac{2}{3} + \frac{1}{7} = \frac{2 \cdot 7}{3 \cdot 7} + \frac{1 \cdot 3}{7 \cdot 3} = \frac{14}{21} + \frac{3}{21} = \frac{17}{21}$

Beispiel: Wir addieren $\frac{5}{12}$ und $\frac{3}{8}$.

$V_{12} = \{12, 24, 36, 48, 60, \ldots\}$
$V_8 = \{8, 16, 24, 32, 40, 48, \ldots\}$

Das kgV (8,12) = 24

$\frac{5}{12} + \frac{3}{8} = \frac{5 \cdot 2}{12 \cdot 2} + \frac{3 \cdot 3}{8 \cdot 3} = \frac{10}{24} + \frac{9}{24} = \frac{19}{24}$

Beispiel: $\frac{5}{6} + \frac{7}{10}$

$V_6 = \{6, 12, 18, 24, 30, 36, 42, \ldots\}$
$V_{10} = \{10, 20, 30, 40, 50, \ldots\}$

Das kgV (6,10) = 30

$\frac{5}{6} + \frac{7}{10} = \frac{5 \cdot 5}{6 \cdot 5} + \frac{7 \cdot 3}{10 \cdot 3} = \frac{25}{30} + \frac{21}{30} = \frac{46}{30} = 1\,\frac{16}{30} = 1\,\frac{8}{15}$

Übung 1 **Berechne die Summen.**

a) $\frac{2}{13} + \frac{8}{13} =$

b) $\frac{5}{26} + \frac{17}{26} =$

c) $\frac{35}{124} + \frac{57}{124} =$

d) $\frac{7}{12} + \frac{1}{12} =$

e) $\frac{5}{37} + \frac{21}{37} =$

f) $\frac{3}{101} + \frac{97}{101} =$

g) $\frac{4}{21} + \frac{17}{21} =$

h) $\frac{6}{37} + \frac{13}{37} =$

i) $\frac{65}{117} + \frac{37}{117} =$

j) $\frac{7}{25} + \frac{17}{25} =$

Übung 2 **Berechne die Summen.**

a) $\frac{3}{4} + \frac{1}{5} =$

b) $\frac{4}{7} + \frac{3}{8} =$

c) $\frac{1}{6} + \frac{7}{11} =$

d) $\frac{7}{9} + \frac{9}{10} =$

e) $\frac{1}{3} + \frac{5}{8} =$

f) $\frac{2}{9} + \frac{7}{11} =$

g) $\frac{5}{6} + \frac{2}{7} =$

h) $\frac{2}{13} + \frac{1}{3} =$

i) $\frac{4}{9} + \frac{3}{4} =$

j) $\frac{6}{11} + \frac{3}{4} =$

Addition von gemischten Zahlen

Alles klar?!

Um gemischte Zahlen zu addieren, wandelt man sie zunächst in unechte Brüche um, bei denen der Zähler größer ist als der Nenner. Danach berechnet man die Summe auf dieselbe Weise wie bei echten Brüchen.

Beispiel: $2\frac{3}{4} + 1\frac{4}{5} = \frac{8}{4} + \frac{3}{4} \quad + \quad \frac{5}{5} + \frac{4}{5} = \frac{11}{4} + \frac{9}{5} = \frac{55}{20} + \frac{36}{20} = \frac{91}{20} = 4\frac{11}{20}$

Beispiel: $5\frac{4}{7} + 2\frac{5}{12} = \frac{39}{7} + \frac{29}{12} = \frac{468}{84} + \frac{203}{84} = \frac{671}{84} = 7\frac{83}{84}$

Übung 3 **Berechne die Summen.**

a) $1\frac{3}{5} + 2\frac{1}{2} =$

b) $5\frac{3}{7} + 2\frac{8}{9} =$

c) $3\frac{5}{9} + 5\frac{5}{6} =$

d) $2\frac{1}{6} + 4\frac{1}{7} =$

e) $4\frac{1}{8} + 1\frac{1}{3} =$

f) $2\frac{3}{7} + 1\frac{5}{8} =$

g) $2\frac{4}{5} + 3\frac{1}{8} =$

h) $4\frac{1}{12} + 2\frac{7}{8} =$

i) $3\frac{4}{13} + 1\frac{1}{2} =$

j) $5\frac{3}{8} + 5\frac{1}{10} =$

Subtraktion von Brüchen

Alles klar?!

Die Zahl, von der etwas abgezogen wird, heiß **Minuend**.
Die Zahl, die abgezogen wird, heißt **Subtrahend**: Minuend – Subtrahend = **Differenz**

Die ganze Rechnung nennt man **Subtraktion**. Die Subtraktion von Brüchen wird genau wie die Addition durchgeführt. Allerdings werden die Zähler subtrahiert, nicht addiert.

Beispiele:

1) $\frac{5}{8} - \frac{4}{9} = \frac{45}{72} - \frac{32}{72} = \frac{13}{72}$

2) $4\frac{1}{5} - 2\frac{6}{7} = \frac{21}{5} - \frac{20}{7} = \frac{147}{35} - \frac{100}{35} = \frac{47}{35} = 1\frac{12}{35}$

Übung 4 **Berechne die Differenzen.**

a) $\frac{3}{7} - \frac{5}{12} =$

b) $4\frac{1}{5} - 3\frac{8}{9} =$

c) $12\frac{1}{8} - 5\frac{3}{7} =$

d) $9\frac{1}{8} - \frac{2}{3} =$

e) $5\frac{1}{9} - 3\frac{5}{6} =$

f) $6\frac{3}{5} - 2\frac{7}{8} =$

Merke:

Soll von einer ganzen Zahl ein Bruch oder eine gemischte Zahl subtrahiert werden, wird aus der ganzen Zahl ein Bruch mit dem Nenner 1 gemacht.

Beispiel: $4 - 2\frac{1}{7} = \frac{4}{1} - \frac{15}{7} = \frac{28}{7} - \frac{15}{7} = \frac{13}{7} = 1\frac{6}{7}$

3.2 Addition und Subtraktion von Dezimalzahlen

Addition von Dezimalzahlen

Alles klar?!

Die Addition von Dezimalzahlen wird genauso durchgeführt wie bei den natürlichen Zahlen.

Beispiele:

1) 2,43 + 1,585

Die Zahlen werden so untereinandergeschrieben, dass Komma unter Komma steht. Die fehlende Tausendstelstelle beim ersten Summanden wird mit einer Null aufgefüllt Dann addiert man spaltenweise. Dabei werden volle Zehner der nächsten Spalte gutgeschrieben.

```
  2,430
+ 1,585
    1 1
-------
  4,015
```

2) 5,1043 + 2,851

```
  5,1043
+ 2,8510
--------
  7,9553
```

3) 2,561 + 3,1 + 4,8423

```
   2,5610
+  3,1000
+  4,8423
     1 1
---------
  10,5033
```

Übung 1 **Berechne die Summen.**

a) 2,21 + 3,564 =

b) 2,004 + 1,0582 + 3,51554 =

c) 0,004 + 5,1 =

d) 1,05 + 2,014 + 3,456 + 1,873 =

 Lösungen Seite 105

Subtraktion von Dezimalzahlen

Alles klar?!

Auch die Subtraktion wird wie bei natürlichen Zahlen durchgeführt. Die Zahlen werden so untereinandergeschrieben, dass Komma unter Komma steht. Fehlende Stellen werden mit Nullen aufgefüllt.

Beispiele:

1)

$$\begin{array}{r} 2{,}456 \\ -\,0{,}130 \\ \hline 2{,}326 \end{array}$$

Rechne null bis zur Sechs, drei bis zur Fünf, eins bis zur Vier und null bis zur Zwei.

2)

$$\begin{array}{r} 3{,}1250 \\ -\,1{,}5544 \\ {\scriptsize 1\ 1\ 1\ \ } \\ \hline 1{,}5706 \end{array}$$

Rechne vier bis zur Zehn, eins gemerkt, danach fünf bis fünf, fünf bis zwölf, eins gemerkt, sechs bis zur Elf, eins gemerkt und dann zwei bis zur Drei.

3)

$$\begin{array}{r} 3{,}6781 \\ -\,1{,}5460 \\ -\,0{,}5427 \\ -\,0{,}0153 \\ {\scriptsize 1\ 1\,1\,1} \\ \hline 1{,}5741 \end{array}$$

Wir beginnen in der rechten Spalte, addieren drei und sieben, gleich zehn, zehn bis elf gleich eins, eins gemerkt, 1 + 5 + 2 + 6 = 14, 14 bis 18 gleich 4, eins gemerkt, und so weiter.

Übung 2 **Berechne die Differenzen.**

a) 2,135 – 1,5843 =

b) 1,56843 – 0,994 =

c) 12,431 – 3,543 =

d) 2,584 – 1,1526 – 0,8954–0,2 =

3.3 Anwendung der Rechenarten

Anwendung in Textaufgaben

Alles klar?!

Wir verwenden nun die verschiedenen Rechenarten zur Lösung von Textaufgaben. Benutze dabei alle bisher gelernten Regeln zur Addition und Subtraktion von Brüchen und Dezimalzahlen.

1) Thomas hat in der letzten Woche jeden Tag aufgeschrieben, wie viel Zeit er für die Hausaufgaben gebraucht hat. Das waren sicher mehr als 5 Stunden, denkt er. Hat er recht?

Montag	Dienstag	Mittwoch	Donnerstag	Freitag
$\frac{3}{4}$ Stunde	$1\frac{1}{2}$ Stunden	$\frac{1}{2}$ Stunde	2 Stunden	$\frac{1}{6}$ Stunde

$$\frac{3}{4} + 1\frac{1}{2} + \frac{1}{2} + 2 + \frac{1}{6} = \frac{3}{4} + \frac{3}{2} + \frac{1}{2} + \frac{2}{1} + \frac{1}{6} = \frac{9}{12} + \frac{18}{12} + \frac{6}{12} + \frac{24}{12} + \frac{2}{12} = \frac{59}{12} = 4\frac{11}{12}$$

Thomas hat mit $4\frac{11}{12}$ Stunden etwas weniger als 5 Stunden gebraucht.

Tipp: Bei Textaufgaben ist genaues Lesen sehr wichtig.

2) Carolin hat mit ihrem Vater eine Radtour gemacht. Die erste Etappe war 31,5 km lang, die zweite 38,651 km, die dritte 22,58 km und die vierte 41,7 km. Wie viele Kilometer sind die beiden insgesamt gefahren?

$$\begin{array}{r} 31{,}500 \\ +\ 38{,}651 \\ +\ 22{,}580 \\ +\ 41{,}700 \\ {\scriptstyle 1\,2\ \,1} \\ \hline 134{,}431 \end{array}$$

Carolin und ihr Vater sind insgesamt 134,431 km gefahren.

Merke:

1) Für die Addition und Subtraktion von Brüchen braucht man immer den gleichen Nenner.
2) Dezimalzahlen werden addiert und subtrahiert, indem man sie so untereinanderschreibt, dass Komma unter Komma steht.

⟫ Übung 1 **Lies genau und rechne.**

a) In einer Küche stehen vier offene Tüten Mehl. In der ersten Tüte sind 0,658 kg, in der zweiten 0,52 kg, in der dritten 0,113 kg und in der vierten 0,9 kg. Wie viel Mehl ist insgesamt vorhanden?

b) Max und Paul wollen das Gesamtgewicht ihrer Familie berechnen. Max wiegt 24,3 kg, Paul 32,4 kg, Mama 72,1 kg und Papa 85,8 kg.

c) Massimo Benincasa möchte das Gesamtalter seiner Familie berechnen. Vincenza ist 9 Jahre alt, Massimo selbst ist $12\frac{1}{4}$ Jahre alt, seine Mutter Nicole ist $39\frac{1}{4}$ Jahre alt und sein Vater Franco ist $39\frac{1}{2}$ Jahre alt. Wie alt sind sie insgesamt?

d) Sebastian geht einkaufen. In der Schlange an der Fleischtheke beobachtet er, dass eine ältere Frau 1,2 kg Hackfleisch, ein größerer Junge 0,75 kg Hackfleisch und ein Mädchen aus seiner Klasse 3,125 kg Hackfleisch kauft. Wie viel Hackfleisch war das insgesamt?

e) Carina fährt mit ihrer Familie in den Urlaub. Nach $3\frac{1}{4}$ Stunden muss ihr Vater das erste Mal tanken, nach $1\frac{1}{2}$ Stunden muss Carina auf die Toilette, nach weiteren $2\frac{1}{5}$ Stunden müssen sie noch einmal tanken und nach weiteren 4 Stunden sind sie am Ziel. Berechne die Gesamtfahrzeit.

f) In einem Baugebiet wollen einige Nachbarn gemeinsam Kies bestellen. Müllers brauchen $2\frac{1}{5}$ Tonnen, Frickes $3\frac{1}{4}$ Tonnen und Fürstes $4\frac{1}{2}$ Tonnen. Wie viel Kies müssen sie insgesamt bestellen?

g) Luis hat 5 Harry-Potter-Filme. Der erste ist 2 Stunden lang, der zweite und der dritte sind je $2\frac{1}{4}$ Stunden lang. Der vierte ist $2\frac{1}{3}$ und der fünfte Film ist $2\frac{1}{2}$ Stunden lang. Wie lange würde es dauern, wenn er alle Filme hintereinander anschauen würde?

 Lösungen Seite 106

ONLINE TESTEN & WEITERÜBEN

www.trainingplus-schule.de
Benutzername: matheplus6-3
Passwort: testfit

Abschlusstest (25 Minuten)

Aufgabe 1 Berechne die Summen.

a) $\frac{2}{3} + \frac{4}{5} =$

b) $\frac{2}{5} + \frac{5}{8} =$

c) $2\frac{1}{3} + 1\frac{4}{5} =$

d) $3\frac{4}{5} + 7\frac{1}{8} =$

Punkte: ☐ von 4

Aufgabe 2 Berechne die Differenzen.

a) $4\frac{3}{5} - 2\frac{7}{9} =$

b) $5\frac{1}{8} - 1\frac{5}{6} =$

c) $6\frac{3}{7} - 2\frac{1}{3} =$

Punkte: ☐ von 3

Aufgabe 3 Berechne die Summen.

a) 2,135 + 1,04 =

b) 3,156 + 0,04 + 2,516 =

c) 0,9 + 0,154 + 2,801 =

d) 1,125 + 0,0043 + 5,8 + 1,65 =

Punkte: ☐ von 4

Aufgabe 4 Berechne die Differenzen.

a) 3,654 – 1,9814 =

b) 5,432 – 1,01 – 2,005 =

c) 5 – 2,32 – 0,4 =

d) 11,458 – 6,4 – 3,002 –1,04 =

Punkte: ☐ von 4

Lösungen Seite 106

Aufgabe 5 Lies genau und rechne.

Luis möchte ausrechnen, wie viel Torte bei seiner Geburtstagsfeier übrig geblieben ist. Von der ersten Torte ist noch $\frac{1}{6}$ da, von der zweiten noch $\frac{4}{9}$ und von der dritten noch $\frac{3}{5}$. Eine Torte weniger hätte auch gereicht, denkt sich Luis. Hat er recht?

Punkte: ☐ von 5

Aufgabe 6 Lies genau und rechne.

Jette schneidet von einem 5,4 m langen Seil drei Stücke ab. Das erste ist 1,05 m, das zweite 3,1 m und das dritte 0,8 m lang. Wie lang ist der Rest?

Punkte: ☐ von 5

Punkte: ☐ von 25

0–12 Punkte: Wiederhole noch einmal das Kapitel, dann wirst du es besser schaffen!

13–21 Punkte: Schon ziemlich gut, wiederhole die Themen, die dir beim Test Probleme gemacht haben.

22–25 Punkte: Super, alles verstanden!

KAPITEL 4

Multiplikation und Division rationaler Zahlen

Brüche und Dezimalzahlen können auch multipliziert und dividiert werden. Was aber ist $\frac{1}{4} \cdot \frac{2}{5}$ oder $3\frac{1}{5} : \frac{7}{8}$? Was ergibt 4,502 mal 1,43 oder 17,4 geteilt durch 0,12? Wenn wir Brüche und Dezimalzahlen verwenden, können wir Längen, physikalische Größen, Anteile und Ergebnisse exakt darstellen. Diese Größen kommen überall im Alltag vor. Wenn du zum Beispiel zur Schule fährst, sind das in der Regel nicht genau 3 km, sondern 2,78 km oder vielleicht 3,04 km.

Alles klar?! ››› Übungen ››› Abschlusstest ››› Online-Weiterüben

4.1 Multiplikation von Brüchen

Multiplikation von Brüchen

Alles klar?!

Ein **Produkt** besteht aus einzelnen **Faktoren**: 1. Faktor · 2. Faktor = Produkt
Den Vorgang nennt man Multiplikation. Die **Multiplikation** von Brüchen ist einfach.
Man rechnet Zähler mal Zähler
und Nenner mal Nenner. $\frac{a}{b} \cdot \frac{c}{d} = \frac{a \cdot c}{b \cdot d}$

Hat man die Multiplikation durchgeführt, sieht man nach, ob man den entstandenen Bruch kürzen kann.

Beispiele: 1) $\frac{3}{4} \cdot \frac{2}{5} = \frac{3 \cdot 2}{4 \cdot 5} = \frac{6}{20} = \frac{3}{10}$ 2) $\frac{4}{7} \cdot \frac{5}{6} = \frac{4 \cdot 5}{7 \cdot 6} = \frac{20}{42} = \frac{10}{21}$

Tipp: Oft ist es einfacher, schon beim Ausführen der Multiplikation im Zähler und Nenner zu kürzen.

Beispiele: 1) $\frac{7}{12} \cdot \frac{9}{10} = \frac{7 \cdot 9}{12 \cdot 10} = \frac{7 \cdot 3}{4 \cdot 10} = \frac{21}{40}$

9 und 12 haben den Teiler 3 gemeinsam. Man kann also beide durch 3 teilen und erhält als Ergebnis den vollständig gekürzten Bruch.

2) $\frac{8}{11} \cdot \frac{7}{12} = \frac{8 \cdot 7}{11 \cdot 12} = \frac{2 \cdot 7}{11 \cdot 3} = \frac{14}{33}$ ggT (8,12) = 4

3) $\frac{15}{26} \cdot \frac{13}{40} = \frac{15 \cdot 13}{26 \cdot 40} = \frac{3 \cdot 1}{2 \cdot 8} = \frac{3}{16}$ ggT (13,26) = 13
ggT (15,40) = 5

Hätten wir im 3. Beispiel nicht zunächst gekürzt, wäre als Zwischenergebnis $\frac{195}{1040}$ herausgekommen. Hier den ggT (195,1040) = 65 zu erkennen, ist viel schwieriger.

Übung 1 **Multipliziere die Brüche.**

a) $\frac{4}{5} \cdot \frac{3}{7} =$

b) $\frac{5}{6} \cdot \frac{27}{40} =$

c) $\frac{4}{15} \cdot \frac{9}{16} =$

d) $\frac{6}{25} \cdot \frac{35}{72} =$

e) $\frac{4}{3} \cdot \frac{5}{6} =$

f) $\frac{7}{12} \cdot \frac{8}{21} =$

 Lösungen Seite 107

Multiplikation von gemischten Zahlen

Alles klar?!

Gemischte Zahlen werden in unechte Brüche umgewandelt und dann wie „normale" Brüche multipliziert.

Beispiele: 1) $2\frac{1}{3} \cdot 4\frac{5}{6} = \frac{7}{3} \cdot \frac{29}{6} = \frac{7 \cdot 29}{3 \cdot 6} = \frac{203}{18} = 11\frac{5}{18}$

2) $3\frac{1}{4} \cdot 2\frac{2}{5} = \frac{13}{4} \cdot \frac{12}{5} = \frac{13 \cdot 12}{4 \cdot 5} = \frac{13 \cdot 3}{1 \cdot 5} = \frac{39}{5} = 7\frac{4}{5}$

Merke: Bei den gemischten Zahlen ist es noch wichtiger, vor dem Multiplizieren zu kürzen, weil so die Rechnung einfacher wird. Beim ersten Beispiel konnte man nicht kürzen, weil der Zähler und der Nenner teilerfremd sind. Beim zweiten konnte man 12 und 4 kürzen, was das Multiplizieren vereinfacht hat. Wenn man nicht kürzt, erhält man zwar das gleiche Ergebnis, die Rechnung ist allerdings komplizierter.

Zum Beispiel ist $4\frac{3}{5} = 4\frac{105}{175}$ und $12\frac{2}{3} = 12\frac{108}{162}$

Das Kürzen der Brüche macht das Rechnen mit ihnen aber leichter.

Übung 2 **Berechne die Produkte.**

a) $3\frac{1}{4} \cdot 2\frac{2}{7} =$

b) $5\frac{5}{12} \cdot 2\frac{2}{15} =$

c) $2\frac{7}{9} \cdot 5\frac{11}{14} =$

d) $4 \cdot 3\frac{2}{7} =$

e) $5\frac{1}{8} \cdot 7\frac{5}{6} =$

f) $1\frac{1}{3} \cdot 4\frac{1}{5} =$

Beispiel: Multipliziert man eine gemischte Zahl mit einer ganzen Zahl, schreibt man auch die ganze Zahl als Bruch mit dem Nenner 1. Dann multipliziert man wieder Zähler mit Zähler und Nenner mit Nenner.

$4\frac{4}{7} \cdot 5 = \frac{32}{7} \cdot \frac{5}{1} = \frac{160}{7} = 22\frac{6}{7}$

4.2 Division von Brüchen

Division von Brüchen

Alles klar?!

Die Zahl, die geteilt wird, heißt **Dividend**. Die Zahl, durch die geteilt wird, heißt **Divisor**.
Dividend : Divisor = **Quotient**

Die gesamte Rechnung nennt man **Division**. Die Division von Brüchen ist einfach. Man lässt den ersten Bruch unverändert und vertauscht beim zweiten Bruch Zähler und Nenner. Diesen neuen Bruch nennt man **Kehrwert**. Danach multipliziert man die beiden Brüche und erhält so das Ergebnis.

Beispiele: 1) $\frac{5}{6} : \frac{4}{7} = \frac{5}{6} \cdot \frac{7}{4} = \frac{5 \cdot 7}{6 \cdot 4} = \frac{35}{24} = 1\,\frac{11}{24}$

2) $\frac{5}{6} : \frac{5}{8} = \frac{5}{6} \cdot \frac{8}{5} = \frac{5 \cdot 8}{6 \cdot 5} = \frac{1 \cdot 4}{3 \cdot 1} = \frac{4}{3}$

Übung 1 **Berechne die Quotienten.**

a) $\frac{4}{7} : \frac{5}{8} =$

b) $\frac{3}{8} : \frac{9}{12} =$

c) $\frac{5}{7} : \frac{15}{21} =$

d) $\frac{2}{9} : \frac{10}{27} =$

e) $\frac{6}{11} : \frac{9}{17} =$

f) $\frac{18}{37} : \frac{27}{74} =$

g) $\frac{10}{39} : \frac{45}{52} =$

h) $= \frac{5}{8} : \frac{25}{96} =$

i) $\frac{2}{17} : \frac{8}{141} =$

j) $\frac{1}{3} : \frac{5}{9} =$

k) $\frac{17}{200} : \frac{68}{400} =$

l) $\frac{15}{53} : \frac{45}{159} =$

Division mit gemischten und ganzen Zahlen

Alles klar?!

Diesmal teilen wir einen Bruch durch eine ganze Zahl. Die Zahl wird wieder als Bruch geschrieben. Dann rechnet man wie bei zwei Brüchen weiter. Auch zwei gemischte Zahlen werden dividiert, indem man sie als unechte Brüche aufschreibt.

Beispiele: 1) $\frac{5}{8} : 10 = \frac{5}{8} : \frac{10}{1} = \frac{5}{8} \cdot \frac{1}{10} = \frac{5 \cdot 1}{8 \cdot 10} = \frac{1 \cdot 1}{8 \cdot 2} = \frac{1}{16}$

2) $3\frac{1}{5} : 1\frac{2}{7} = \frac{16}{5} : \frac{9}{7} = \frac{16}{5} \cdot \frac{7}{9} = \frac{16 \cdot 7}{5 \cdot 9} = \frac{112}{45} = 2\frac{22}{45}$

››› Übung 2 **Berechne die Quotienten.**

a) $2\frac{1}{5} : 1\frac{3}{4} =$

b) $4\frac{1}{8} : 11 =$

c) $3\frac{2}{5} : 4\frac{1}{4} =$

d) $5\frac{3}{4} : 7\frac{1}{5} =$

Merke:

Beim Umgang mit Brüchen hast du jetzt alle vier Grundrechenarten kennengelernt. Denke an folgende Punkte:

1. Hauptnenner nur bei Addition und Subtraktion bilden
2. Multiplizieren: Zähler mal Zähler, Nenner mal Nenner
3. Dividieren: Mit dem Kehrwert des zweiten Bruchs multiplizieren
4. Ganze Zahlen immer in Brüche umwandeln

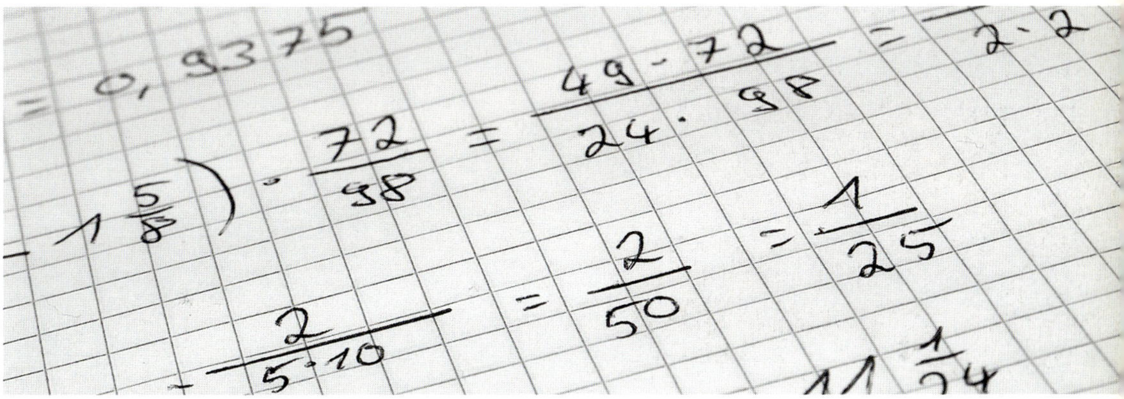

4.3 Multiplikation von Dezimalzahlen

Multiplikation Dezimalzahl – Zehnerpotenz

Alles klar?!

Multipliziert man eine Dezimalzahl mit einer Zehnerpotenz, verschiebt sich das Komma so weit nach rechts, wie die Zehnerpotenz Nullen hat. Multipliziert man mit 10, verschiebt sich das Komma um eine Stelle, mit 100 um zwei Stellen, mit 1000 um drei Stellen usw.

Beispiele:
1) $5{,}123 \cdot 10 = 51{,}23$
2) $3{,}1405 \cdot 1000 = 3140{,}5$
3) $4{,}01 \cdot 10\,000 = 40\,100$

Beachte: Beim dritten Beispiel hat der erste Faktor nur zwei Kommastellen, wir müssen aber um vier Stellen nach rechts verschieben, also werden beim Ergebnis noch zwei Nullen angehängt.

Multiplikation von Dezimalzahlen

Dezimalzahlen werden miteinander wie natürliche Zahlen multipliziert. Man beachtet das Komma zunächst nicht. Nach der Multiplikation zählt man alle Nachkommastellen der beiden Faktoren zusammen und fügt im Ergebnis genau die gleiche Anzahl an Nachkommastellen ein.

Beispiele:

1) $4{,}65 \cdot 1{,}21$

```
465
----
 930
  465
5,6265
------
```

Die beiden Faktoren in Beispiel 1 haben zusammen 4 Nachkommastellen, also muss auch das Ergebnis 4 Nachkommastellen haben. Hier hilft es, wenn man im Kopf eine Überschlagsrechnung gemacht hat. Du weißt, dass $4 \cdot 1 = 4$ ist, das Ergebnis kann also nicht im Zehner- oder im Hunderterbereich liegen.

2) $3{,}126 \cdot 0{,}04$

```
0000
-------
 0000
  12504
0,12504
-------
```

Die Faktoren in Beispiel 2 haben zusammen 5 Nachkommastellen, also muss auch das Ergebnis 5 Nachkommastellen haben.

Merke: Das Ergebnis hat die gleiche Anzahl an Nachkommastellen wie die beiden Faktoren zusammen.

››› Übung 1 **Berechne die Produkte.**

a) $2{,}45 \cdot 3{,}121 =$ ☐

b) $4{,}6 \cdot 1{,}04 =$ ☐

c) $5{,}128 \cdot 2{,}004 =$ ☐

d) $5{,}01 \cdot 3{,}6 =$ ☐

 Lösungen Seite 108

4.4 Division von Dezimalzahlen

Division durch eine Zehnerpotenz

Alles klar?!

Dividiert man eine Dezimalzahl durch eine Zehnerpotenz, verschiebt sich das Komma um so viele Stellen nach links, wie die Zehnerpotenz Nullen hat, z. B. bei 10 000 um vier Stellen.

Beispiele:

1) 53,256 : 10 = 5,3256
2) 184,123 : 1000 = 0,184123
3) 2458,12 : 100 = 24,5812
4) 0,1456 : 10 = 0,01456

Division durch eine Dezimalzahl

Dividiert man eine Zahl durch eine Dezimalzahl, muss man beim Divisor das Komma so weit nach rechts verschieben, bis man eine ganze Zahl erhält. Beim Dividend (der ersten Zahl) wird das Komma um die gleiche Anzahl von Stellen nach rechts verschoben wie beim Divisor. Sobald man beim Dividend die erste Zahl hinter dem Komma bearbeitet, setzt man im Ergebnis das Komma.

1) 12,42 : 0,4
= 124,2 : 4 = 31,05
```
12
 04
 04
  02
  00
   20
   20
    0
```

0,4 hat eine Kommastelle, also wird bei beiden Zahlen das Komma um eine Stelle nach rechts geschoben. Wenn die 2 heruntergezogen wird, setzt man das Komma im Ergebnis.

2) 15,462 : 0,12
= 1546,2 : 12 = 128,85
```
12
 34
 24
 106
  96
  102
   96
    60
    60
     0
```

3) 4,6 : 0,16
= 460 : 16 = 28,75
```
32
140
128
 120
 112
   80
   80
    0
```

Da der Dividend eine Kommastelle weniger hat als der Divisor, hängen wir hier noch eine 0 an.

Übung 1 **Berechne die Quotienten.**

a) 12,45 : 1,5 =

b) 18,72 : 0,6 =

c) 24,08 : 0,04 =

d) 25,004 : 1,4 =

4.5 Periodische Dezimalzahlen

Periodische Dezimalzahl

Alles klar?!

Bis jetzt wurden nur endende Dezimalzahlen behandelt. Doch bei den meisten Brüchen entsteht nach der Umwandlung in eine Dezimalzahl eine periodische Dezimalzahl, die nicht endet.

Beispiele:

1) $\frac{2}{3} = 2:3$

$= 2{,}0 : 3 = 0{,}666666...$

```
0
-
20
18
--
 20
 18
 --
  20
  ...
```

Diese Rechnung könnte man endlos fortführen, sie würde nie enden. Statt 0,66666.... schreibt man $0{,}\overline{6}$. Gesprochen heißt das „null Komma Periode sechs".

2) $\frac{5}{6} = 5:6$

$= 5{,}0 : 6 = 0{,}833333333... = 0{,}8\overline{3}$

```
0
-
50
48
--
 20
 18
 --
  20
  18
  --
  ...
```

Merke: Wenn man den Nenner eines vollständig gekürzten Bruchs in seine Primfaktoren zerlegt und dann nur die Faktoren 2 und 5 erhält, lässt sich dieser Bruch in endliche Dezimalzahlen umwandeln. Ist das nicht der Fall, erhält man eine periodische Dezimalzahl.

3) $\frac{7}{40} = 7:40$

$= 7{,}00:40 = 0{,}175$

```
0
—
70
40
———
300
280
———
 200
 200
 ———
   0
```

Es entsteht keine periodische Dezimalzahl, weil
$40 = 2 \cdot 2 \cdot 2 \cdot 5$

4) $\frac{5}{7} = 5:7$

$= 5{,}0:7 = 0{,}7142857... = 0{,}\overline{714285}$

```
0
—
50
49
——
 10
 07
 ——
  30
  28
  ——
   20
   14
   ——
    60
    56
    ——
     40
     35
     ——
      50
      49
      ——
      ...
```

Bei dieser Division erkennen wir, dass die Zahl 50 nach 6 Schritten wieder erscheint. Also startet die Reihe 714285 wieder neu.

5) $\frac{8}{15} = 8:15$

$= 8{,}00:15 = 0{,}533... = 0{,}5\overline{3}$

```
 0
 ‾
 80
 75
 ‾‾
  50
  45
  ‾‾
   50
   ...
```

$15 = 3 \cdot 5$, also entsteht eine periodische Dezimalzahl. Der Querstrich steht nur über der 3, weil sich nur die 3 wiederholt.

Übung 1 **Wandle die Brüche in Dezimalzahlen um. Entscheide zuerst, ob es sich um eine periodische Dezimalzahl oder um eine endende Dezimalzahl handelt.**

a) $\frac{11}{12} =$

b) $\frac{23}{80} =$

c) $4\,\frac{5}{14} =$

d) $2\,\frac{7}{18} =$

e) $\frac{7}{20} =$

f) $15\,\frac{5}{28} =$

g) $2\,\frac{18}{25} =$

h) $3\,\frac{5}{24} =$

i) $5\,\frac{17}{160} =$

j) $4\,\frac{5}{21} =$

4.6 Verbindung von Punkt- und Strichrechnung bei Brüchen

Aufgaben mit Punkt- und Strichrechnung

Alles klar?!

Bisher wurden nur Aufgaben gerechnet, in denen Punkt- oder Strichrechnung vorkam. Doch die beiden Rechenarten kann man auch verbinden. Wenn du die folgenden Aufgaben beherrschst, dann beherrschst du die gesamte Bruchrechnung, weil hier alle Rechenarten vorkommen.

Es gilt immer: **Klammer vor Punkt- vor Strichrechnung**

Beispiel:

$2\frac{1}{5} \cdot (3\frac{1}{4} + 1\frac{6}{7}) = 2\frac{1}{5} \cdot (\frac{13}{4} + \frac{13}{7}) =$

$2\frac{1}{5}(\frac{91}{28} + \frac{52}{28}) = \frac{11}{5} \cdot \frac{143}{28} = \frac{1573}{140} = 11\frac{33}{140}$

Zunächst berechnen wir die Summe in der Klammer, danach das Produkt.

Beispiel:

$3\frac{1}{4} - (2\frac{1}{5} : 3\frac{2}{3}) = 3\frac{1}{4} - (\frac{11}{5} : \frac{11}{3}) =$

$3\frac{1}{4} - (\frac{11}{5} \cdot \frac{3}{11}) = \frac{13}{4} - \frac{3}{5} =$

$\frac{65}{20} - \frac{12}{20} = \frac{53}{20} = 2\frac{13}{20}$

Erst die Klammer, dann die Differenz.

Bei diesem Beispiel ist die Klammer eigentlich überflüssig, weil man zuerst die Division und dann die Subtraktion durchführen muss (Punktrechnung vor Strichrechnung!).

Beispiel:

$3\frac{1}{6} \cdot \frac{4}{5} - 2\frac{1}{8} : 1\frac{3}{4} = \frac{19}{6} \cdot \frac{4}{5} - \frac{17}{8} : \frac{7}{4} =$

$\frac{19 \cdot 2}{3 \cdot 5} - \frac{17 \cdot 4}{8 \cdot 7} = \frac{38}{15} - \frac{17 \cdot 1}{2 \cdot 7} = \frac{38}{15} - \frac{17}{14} =$

$\frac{532}{210} - \frac{255}{210} = \frac{277}{210} = 1\frac{67}{210}$

Erst Punkt-, dann Strichrechnung.

Übung 1 **Berechne folgende Aufgaben.**

a) $2\frac{1}{3} \cdot (4\frac{1}{6} - \frac{3}{5}) =$

b) $3\frac{1}{4} - 2\frac{1}{5} : 1\frac{3}{4} =$

c) $\frac{1}{3} \cdot 12\frac{1}{5} - 5\frac{1}{4} : 3\frac{2}{3} =$

d) $5\frac{1}{3} + 2\frac{1}{6} \cdot 4 =$

e) $5 - 3\frac{1}{3} : 10 =$

f) $\frac{2}{3} \cdot 10 + \frac{2}{3} : 10 =$

Lösungen Seite 109

Jetzt berechnen wir Aufgaben, in denen Dezimalzahlen und Brüche auftreten.

Alles klar?!

Beispiel:

$2\frac{1}{5} : (0{,}416 - 0{,}23) =$

$2\frac{1}{5} : \left(\frac{416}{1000} - \frac{23}{100}\right) =$

$\frac{11}{5} : \left(\frac{416}{1000} - \frac{230}{1000}\right) =$

$\frac{11}{5} : \frac{186}{1000} = \frac{11 \cdot 1000}{5 \cdot 186} =$

$\frac{11 \cdot 200}{1 \cdot 186} = \frac{2200}{186} = 11\frac{154}{186} = 11\frac{77}{93}$

Wir wandeln die Dezimalzahlen in Brüche um und führen dann die Division aus.

Beispiel:

$0{,}4 : 0{,}5 - \frac{1}{3} = \frac{4}{10} : \frac{5}{10} - \frac{1}{3} =$

$\frac{4 \cdot 10}{10 \cdot 5} - \frac{1}{3} = \frac{4}{5} - \frac{1}{3} = \frac{12}{15} - \frac{5}{15} = \frac{7}{15}$

Erst umwandeln, dann dividieren und am Ende subtrahieren.

Übung 2 **Berechne folgende Aufgaben.**

a) $4\frac{1}{7} : \frac{5}{14} - 0{,}8 =$

b) $3\frac{1}{5} + 2{,}4 : 0{,}25 =$

c) $2\frac{1}{8} : 3\frac{2}{5} + 0{,}45 : 0{,}125 =$

d) $4{,}7 - 2\frac{1}{5} \cdot 2 =$

e) $6\frac{1}{8} + 3{,}2 \cdot 2 =$

f) $1{,}8 + 3\frac{1}{2} \cdot 3 =$

 Lösungen Seite 109

ONLINE TESTEN & WEITERÜBEN
www.trainingplus-schule.de
Benutzername: matheplus6-4
Passwort: testfit

Abschlusstest (35 Minuten)

Aufgabe 1 Berechne die Produkte.

a) $\frac{3}{4} \cdot \frac{4}{7} =$

b) $2\frac{1}{3} \cdot \frac{3}{5} =$

c) $\frac{2}{9} \cdot \frac{5}{7} =$

d) $\frac{3}{5} \cdot \frac{7}{11} =$

Punkte: ☐ von 4

Aufgabe 2 Berechne die Produkte.

a) $4\frac{1}{5} \cdot 1\frac{3}{8} =$

b) $2\frac{5}{7} \cdot \frac{3}{100} =$

c) $2\frac{1}{8} \cdot 1\frac{3}{7} =$

d) $12\frac{1}{5} \cdot 3\frac{5}{8} =$

Punkte: ☐ von 4

Aufgabe 3 Berechne die Produkte.

a) $5{,}423 \cdot 10 =$

b) $2{,}01 \cdot 1000 =$

c) $3{,}041 \cdot 10\,000 =$

d) $0{,}05 \cdot 10 =$

Punkte: ☐ von 4

Aufgabe 4 Berechne die Produkte.

a) $4{,}12 \cdot 1{,}43 =$

b) $2{,}15 \cdot 5{,}8 =$

c) $5{,}012 \cdot 1{,}234 =$

d) $2{,}04 \cdot 7{,}5 =$

Punkte: ☐ von 4

Aufgabe 5 Berechne die Quotienten.

a) $2\frac{4}{5} : 3\frac{1}{8} =$

b) $\frac{5}{6} : 2\frac{1}{9} =$

c) $3\frac{1}{5} : 4\frac{7}{9} =$

d) $3\frac{17}{1000} : 2\frac{6}{7} =$

Punkte: ☐ von 4

Lösungen Seite 110

››› Aufgabe 6 Berechne die Quotienten.

a) $2{,}451 : 10 =$

b) $1{,}051 : 100 =$

c) $17{,}482 : 1000 =$

d) $4{,}1 : 100 =$

Punkte: ☐ von 4

››› Aufgabe 7 Berechne die Quotienten.

a) $4{,}6 : 0{,}04 =$

b) $32 : 0{,}016 =$

c) $2{,}143 : 0{,}2 =$

d) $4 : 0{,}02 =$

Punkte: ☐ von 4

››› Aufgabe 8 Wandle in periodische Dezimalzahlen um.

a) $\frac{7}{15} =$

b) $\frac{16}{21} =$

c) $\frac{3}{7} =$

d) $2\frac{5}{12} =$

Punkte: ☐ von 4

››› Aufgabe 9 Berechne folgende Aufgaben.

a) $2\frac{1}{5} + \left(3\frac{1}{4} : \frac{13}{16}\right) =$

b) $4\frac{1}{5} \cdot 2\frac{1}{3} + 1\frac{1}{2} =$

c) $4\frac{1}{5} \cdot \left(2\frac{1}{3} + 1\frac{1}{2}\right) =$

Punkte: ☐ von 3

››› Aufgabe 10 Berechne folgende Aufgaben.

a) $3\frac{1}{5} + 0{,}4 \cdot 2 =$

b) $4{,}4 - 2\frac{1}{4} : \frac{9}{10} =$

c) $\left(4{,}4 - 2\frac{1}{4}\right) : \frac{9}{10} =$

Punkte: ☐ von 3

Punkte: ☐ von 38

0–19 Punkte:	Wiederhole noch einmal das Kapitel, dann wirst du es besser schaffen!
20–33 Punkte:	Schon ziemlich gut, wiederhole die Themen, die dir beim Test Probleme gemacht haben.
34–38 Punkte:	Super, alles verstanden!

 Lösungen Seite 110–112

KAPITEL 5

Winkel, Drehung, Verschiebung und Spiegelung

Jetzt geht es um Geometrie. Zunächst wollen wir uns mit der Bezeichnung von Winkeln und dem Messen von Winkeln beschäftigen. Anschließend behandeln wir die Abbildungen Drehung, Verschiebung und die verschiedenen Arten der Spiegelung.

Alles klar?! ››› Übungen ››› Abschlusstest ››› Online-Weiterüben

5.1 Verschiedene Winkelarten

Winkel und Winkelarten

Alles klar?!

Ein Winkel wird begrenzt von zwei **Schenkeln**. Den **Schnittpunkt** der Schenkel nennt man **Scheitel**. Der Winkel wird von einem Schenkel zum anderen gemessen.

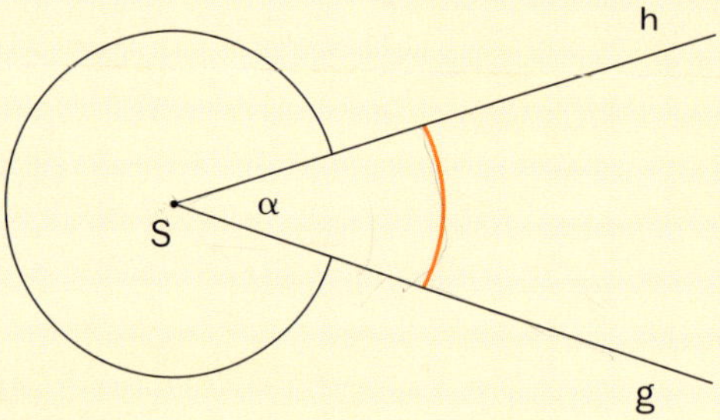

Man bezeichnet die Winkel mit kleinen griechischen Buchstaben. Die Größe wird in Grad (°) angegeben.

Beispiele:
Man teilt Winkel in folgende Kategorien ein:

a) Spitzer Winkel
$0° < \alpha < 90°$

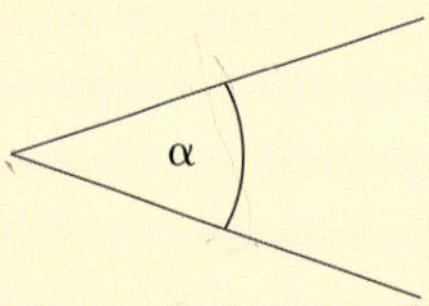

b) Rechter Winkel
$\alpha = 90°$

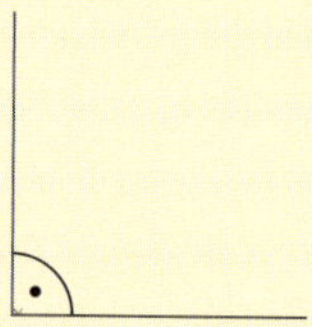

c) Stumpfer Winkel
$90° < \alpha < 180°$

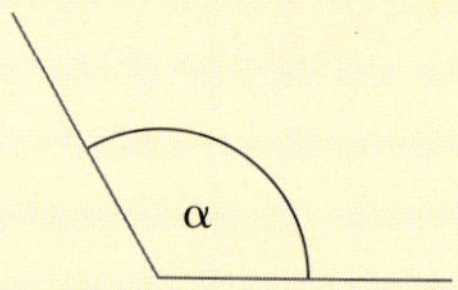

d) Gestreckter Winkel
$\alpha = 180°$

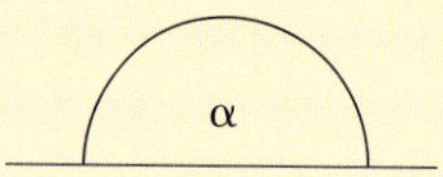

e) Überstumpfer Winkel
$180° < \alpha < 360°$

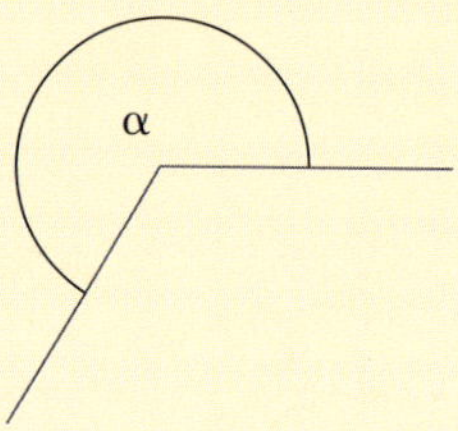

f) Vollwinkel
$\alpha = 360°$

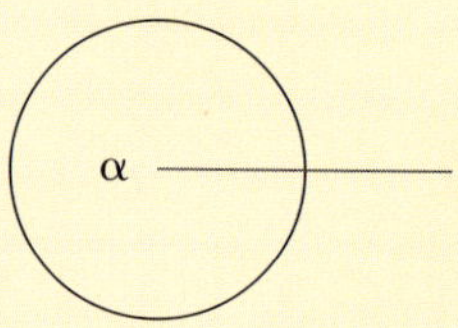

⟩⟩⟩ Übung 1 **Entscheide, welche Winkelart vorliegt.**

a) $\alpha = 30°$

b) $\alpha = 90°$

c) $\alpha = 135°$

d)

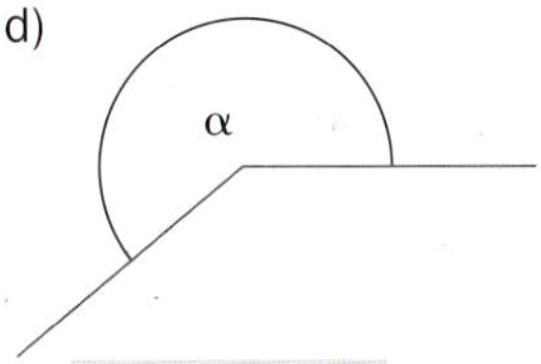

217°

e)

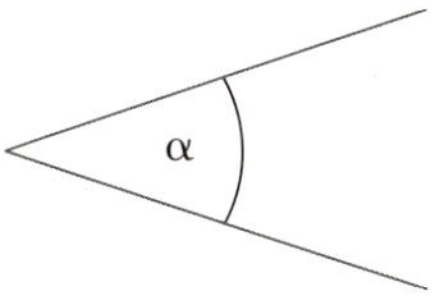

44°

f)

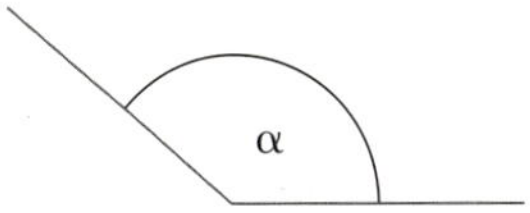

142°

Größe eines Winkels

Alles klar?!

Möchte man die Größe eines Winkels messen, legt man das Geodreieck so an, dass die 0 auf dem Scheitelpunkt liegt und die untere Seite auf einem der beiden Schenkel. Dann lässt sich die Winkelgröße ablesen.

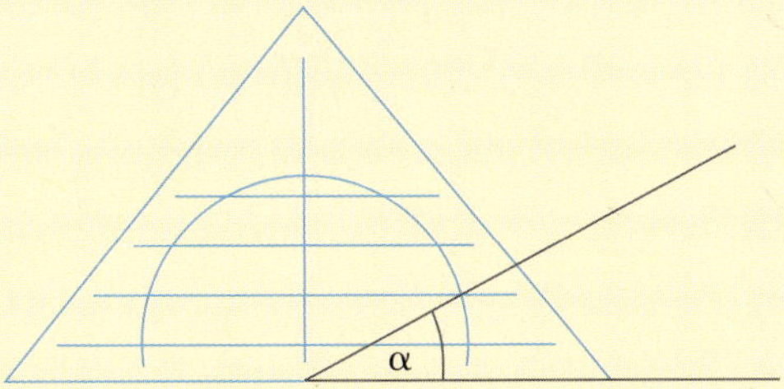

⟩⟩⟩ Übung 2 **Ermittle folgende Winkelgrößen mithilfe des Geodreiecks.**

a)

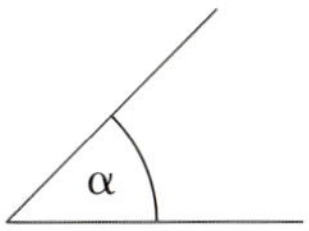

b)

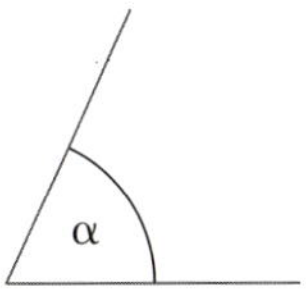

c)

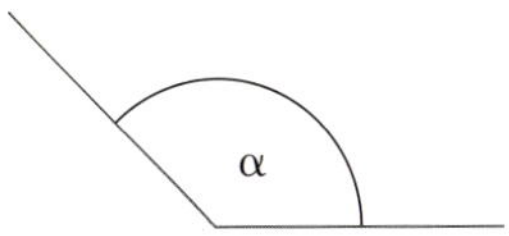

5.2 Drehung und Verschiebung

Drehung

Alles klar?!

Um eine Drehung durchzuführen, braucht man ein Drehzentrum Z und einen Winkel α. Dann geht man folgendermaßen vor:

Ein Punkt P soll um den Punkt Z gedreht werden mit dem Winkel α.

1. Wir zeichnen eine Gerade durch P und Z.
2. Wir tragen den Winkel α bei Z gegen den Uhrzeigersinn an diese Gerade an und zeichnen den Winkel ein.
3. Wir zeichnen einen Kreis mit Z als Mittelpunkt und der Strecke $\overline{ZP}$ als Radius.
4. Der Schnittpunkt des Kreises mit der neuen Gerade ist der Drehpunkt P'.

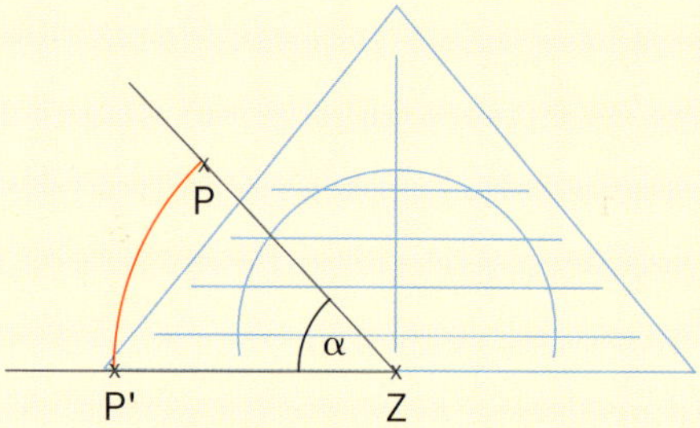

So kann man auch ganze Figuren um einen Punkt drehen. Dabei geht man genau so vor wie im Beispiel. Für jeden Punkt werden die Schritte 1 bis 4 einzeln durchgeführt. Anschließend verbindet man die entstandenen Drehpunkte zu der Bildfigur.

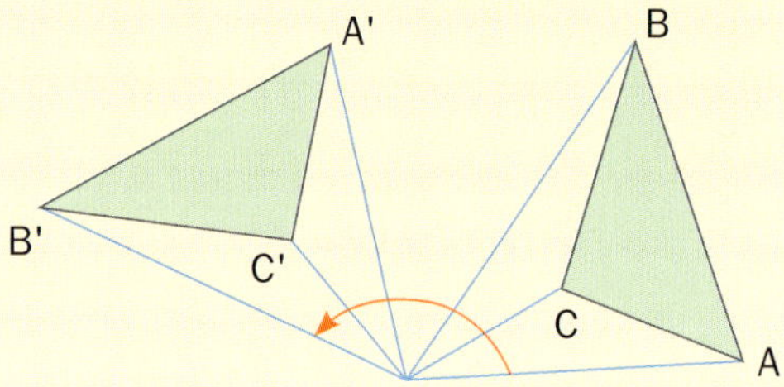

Merke:

Führt man eine Drehung um 360° durch, stimmt die zu drehende Figur mit der neuen Figur überein.

Übung 1 **Drehe das Dreieck A = (4/1), B = (7/1) und C = (5/3) um den Drehpunkt Z = (0/1) um 40°.**

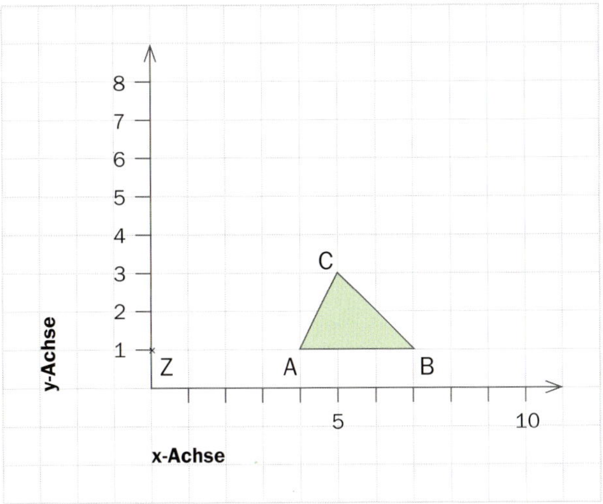

Übung 2 **Drehe das Quadrat A = (5/1), B = (9/1), C = (9/5) und D = (5/5) um 90° um den Drehpunkt Z = (4/1) .**

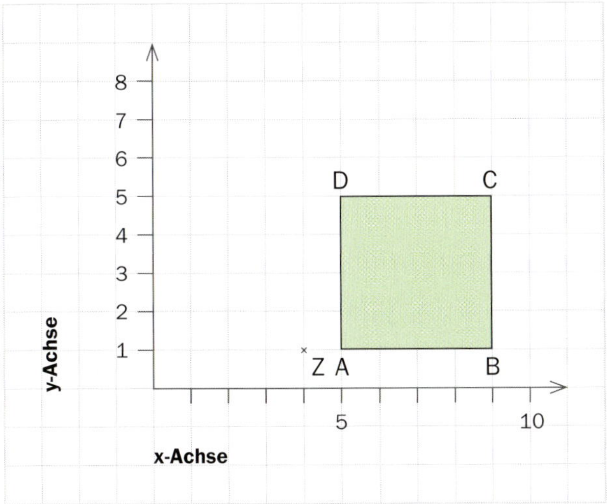

Verschiebung

Alles klar?!

Verschiebt man eine Figur, wird jeder Punkt der Figur in die gleiche Richtung und mit der gleichen Länge verschoben. Verbindet man den Ausgangspunkt mit seinem Bildpunkt, erhält man den Verschiebungsvektor $\vec{v}$.

Beispiel:

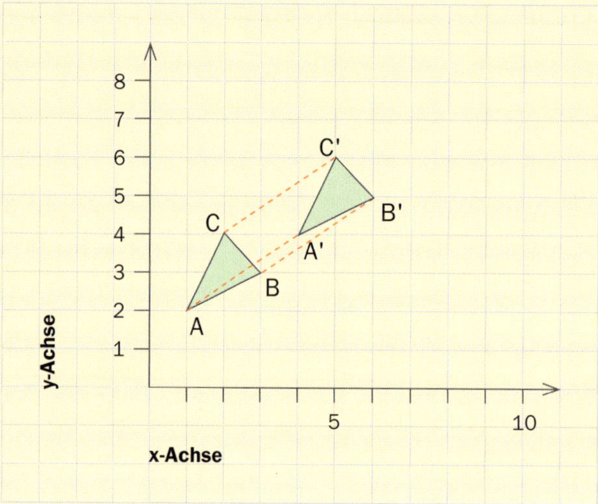

Das hier gezeigte Dreieck wurde um 3 Einheiten nach rechts und 2 Einheiten nach oben verschoben.

Übung 3 **Verschiebe das Dreieck A (2/5), B (4/7) und C (4/9) um drei Einheiten nach rechts und 4 Einheiten nach unten.**

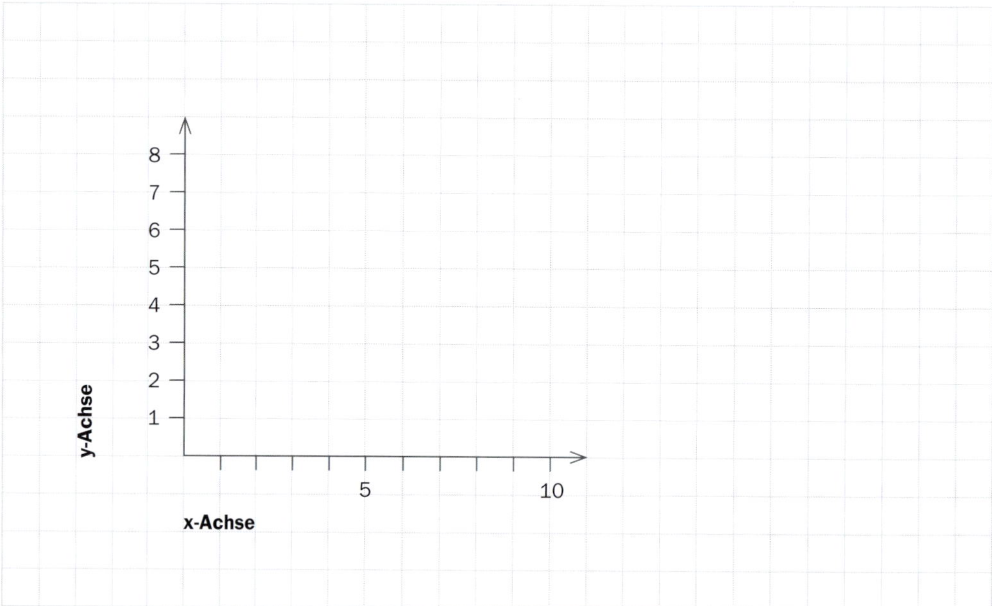

 Lösungen Seite 113

Eine Verschiebung kann auch durchgeführt werden, wenn ein Punkt und sein Bildpunkt gegeben sind.

Beispiel: Gegeben sind A (1/3), B (4/4) und C (3/5) sowie A' (4/6). Wie kommt man nun von A nach A'? Die x-Koordinate verändert sich von 1 nach 4, die y-Koordinate von 3 nach 6. Das entspricht einer Verschiebung von 3 Einheiten nach rechts und 3 Einheiten nach oben.

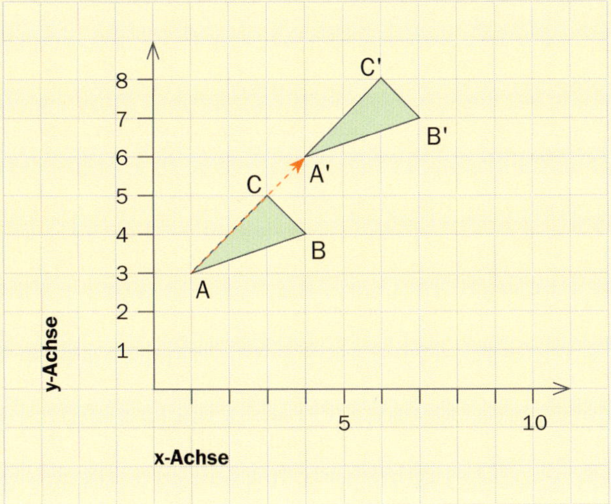

Übung 4 **Gegeben sind A (2/1), B (5/0) und C (4/3) sowie B' (8/1). Führe die Verschiebung durch und benenne die Bildpunkte A' und C'.**

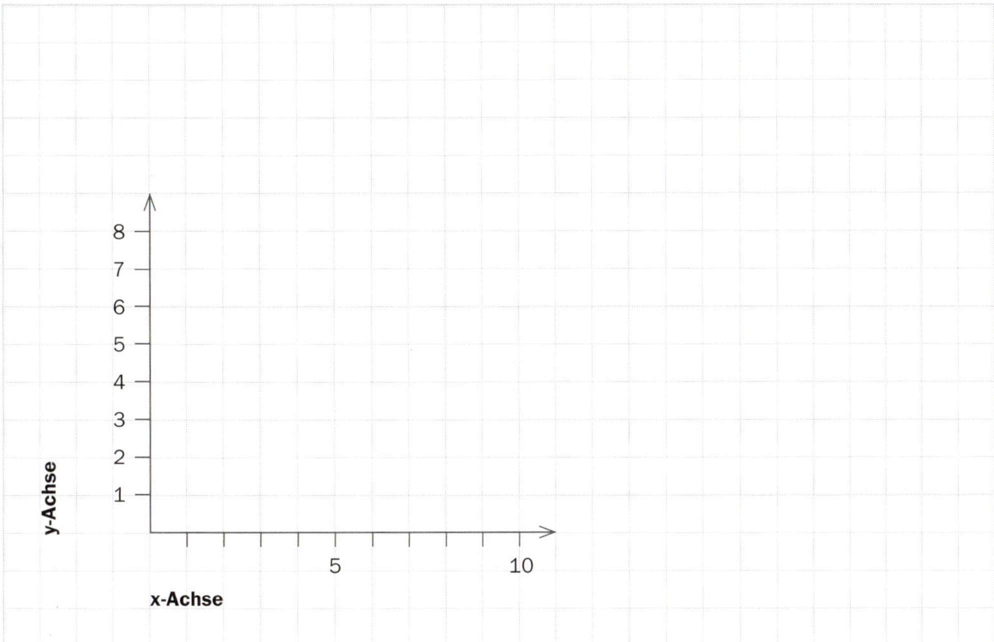

5.3 Spiegelung

Achsenspiegelung

Alles klar?!

Um eine Figur an einer Achse zu spiegeln, spiegelt man jeden Eckpunkt der Figur einzeln. Die Verbindung von P und P' steht senkrecht auf der Spiegelachse a. Die Strecke $\overline{PP'}$ wird von a halbiert.

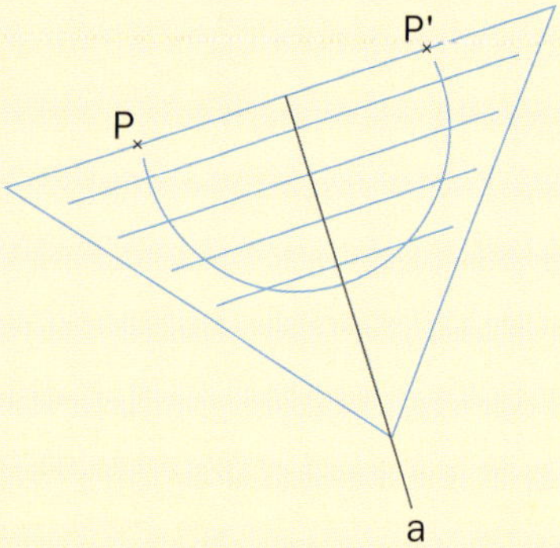

Um einen Punkt an einer Spiegelachse a zu spiegeln, legt man das Geodreieck mit der Mittellinie auf die Spiegelachse. Der zu spiegelnde Punkt P soll auf der Grundlinie des Geodreiecks liegen. Man liest die Entfernung von P zum Nullpunkt des Geodreiecks ab. In derselben Entfernung auf der anderen Seite des Nullpunktes liegt der Spiegelpunkt P'.

Beispiel: Das Dreieck ABC wird an der Spiegelachse a gespiegelt.

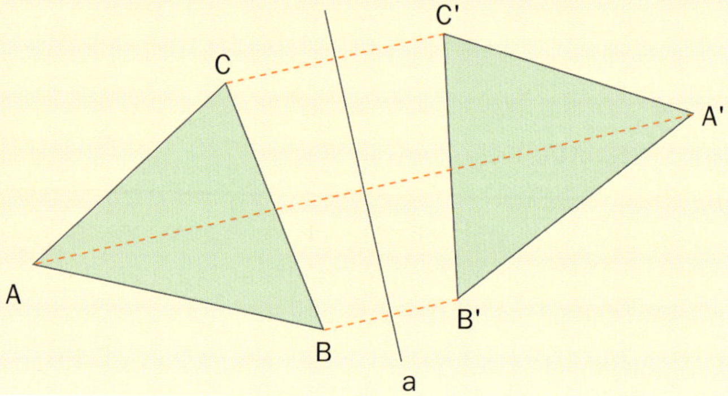

Übung 1 **Spiegle das Dreieck A (1/1), B (3/2) und C (2/4) an der Achse durch P (4/0) und Q (4/5).**

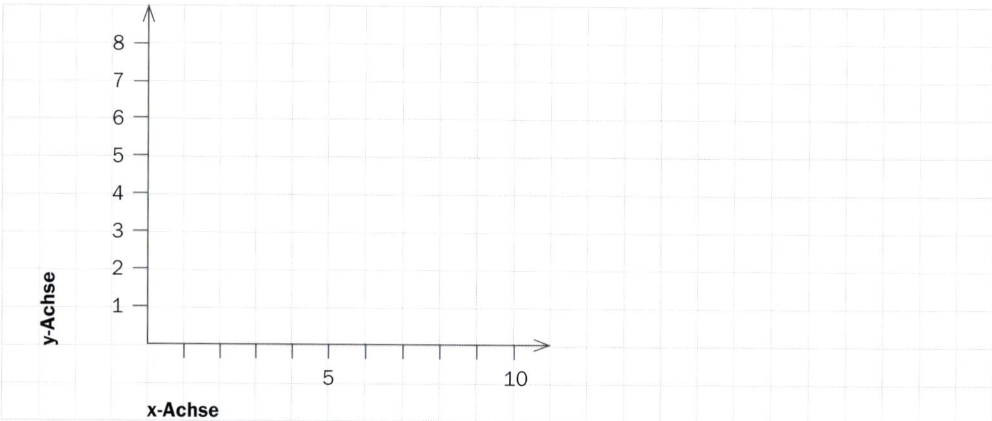

Wer die Geometrie begreift, vermag in dieser Welt alles zu verstehen.
Galileo Galilei (1564–1642)

››› Übung 2 Spiegle das Viereck A (4/0), B (5/2), C (4/4) und D (3/2) an der Achse durch P (5/1) und Q (5/6)

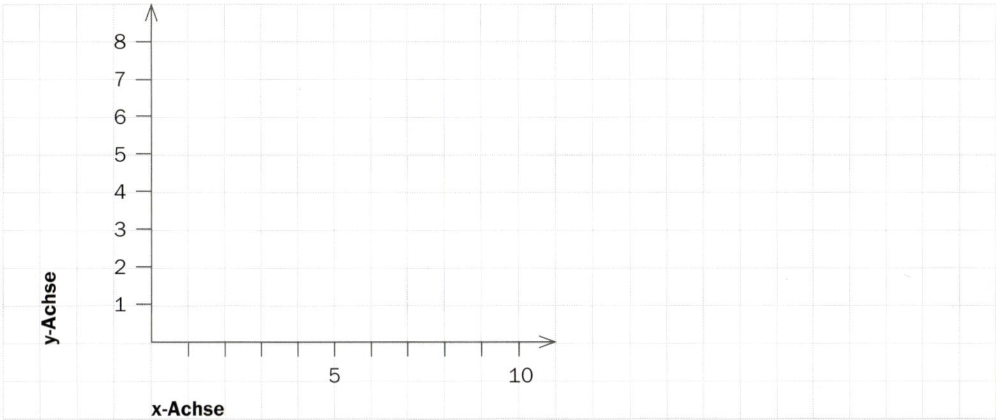

Punktspiegelung

Alles klar?!

Spiegelt man einen Punkt P an einem anderen Punkt S, zeichnet man eine Linie durch beide Punkte und konstruiert den Bildpunkt P' so, dass S die Strecke $\overline{PP'}$ halbiert.

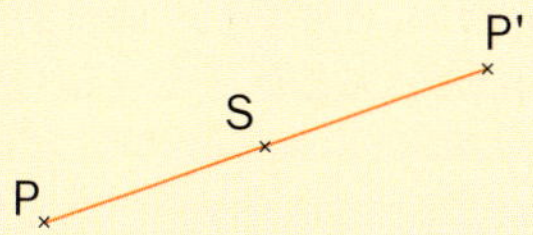

Spiegelt man eine Figur an einem Punkt, spiegelt man wieder jeden Punkt einzeln. Nach der Spiegelung verbindet man die Bildpunkte.

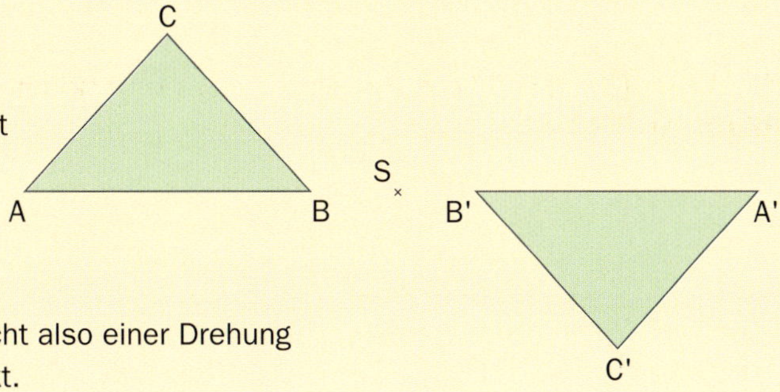

Eine Punktspiegelung entspricht also einer Drehung um 180 Grad am Spiegelpunkt.

››› Übung 3 Spiegle das Dreieck A (1/1), B (3/0) und C (2/3) am Punkt S (3/3). Trage zunächst ein Koordinatensystem in das karierte Feld ein.

Spiegelung von Figuren

Auch andere Figuren können gespiegelt werden. Dabei reicht es aus, Teile der Figur zu spiegeln und sie dann zu ergänzen.

Beispiel: Spiegelt man eine Gerade, so reicht es aus, zwei Punkte der Geraden zu spiegeln und diese wieder zu verbinden. Man erhält so die Spiegelgerade.

Beispiel: Spiegelt man einen Kreis, muss man den Mittelpunkt M und einen Punkt P des Kreises spiegeln. Danach konstruiert man den Kreis mit dem neuen Mittelpunkt M' durch den Punkt P'.

Alles klar?!

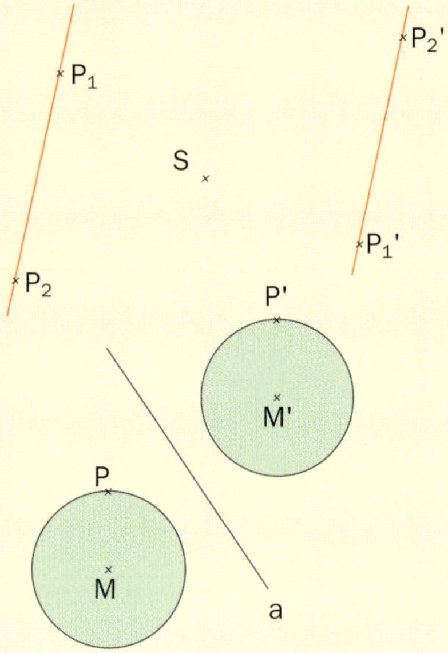

Übung 4 **Spiegle den Kreis mit r = 2 Kästchen und dem Mittelpunkt M (3/3) an der Geraden durch P (5/1) und Q (5/6).**

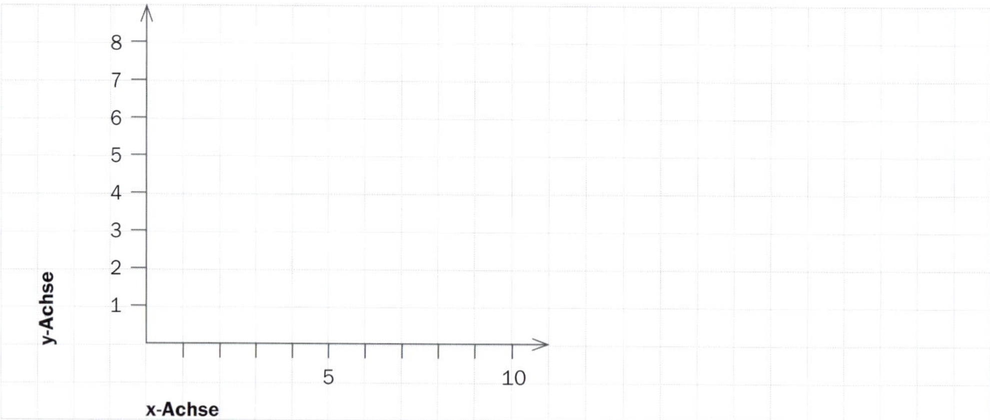

 Lösungen Seite 114

Abschlusstest (25 Minuten)

Aufgabe 1 Um was für einen Winkel handelt es sich?

a) 45°

b) 215°

c) 90°

d) 180°

e) 135°

Punkte: ☐ von 5

Aufgabe 2 Bezeichne den Winkel.

a)

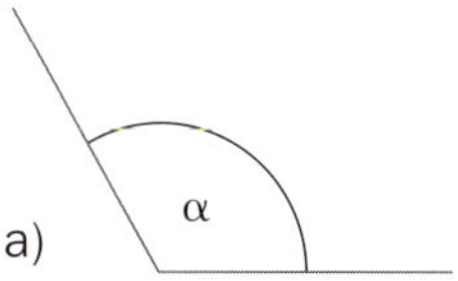

b)

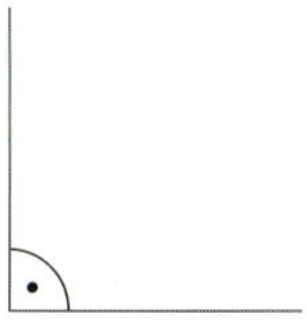

c)

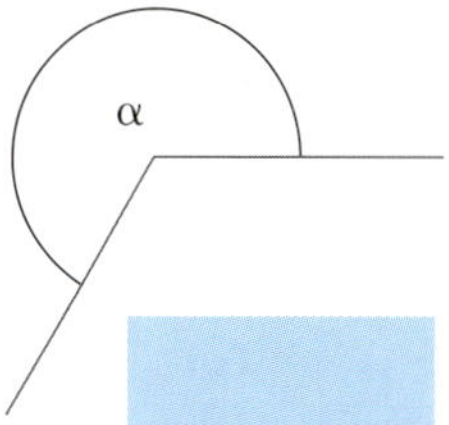

Punkte: ☐ von 3

Aufgabe 3 Bestimme folgende Winkelgrößen mithilfe des Geodreiecks.

a)

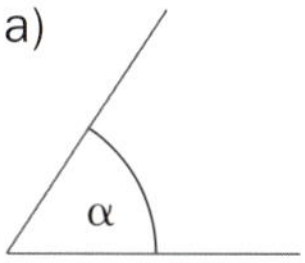

b)

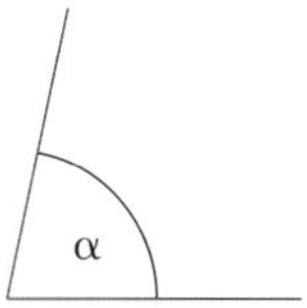

c)

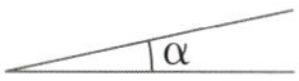

Punkte: ☐ von 3

Aufgabe 4 **Verschiebe das Dreieck ABC mit A (1/1), B (3/2) und C (2/4) um 3 Einheiten nach rechts und um 2 Einheiten nach oben.**

a) Zeichne die Verschiebung mit Verschiebungsvektor.
b) Welche Koordinaten haben die Bildpunkte?

Punkte: ☐ von 4

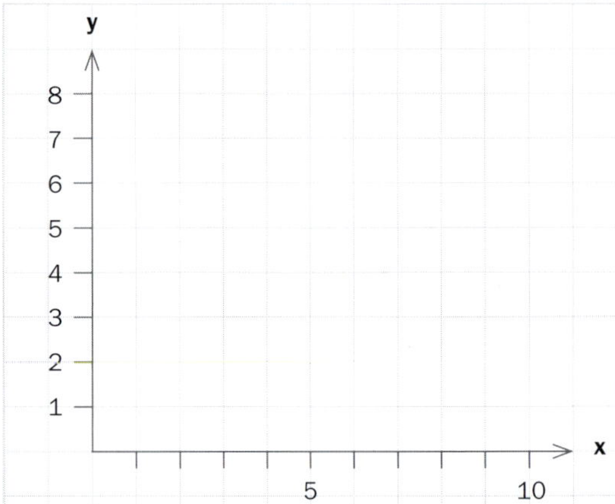

Aufgabe 5 **Drehe das Dreieck ABC mit A (6/2), B (8/3) und C (7/5) am Punkt Z (5/4) um den Winkel a = 30°.**

Punkte: ☐ von 4

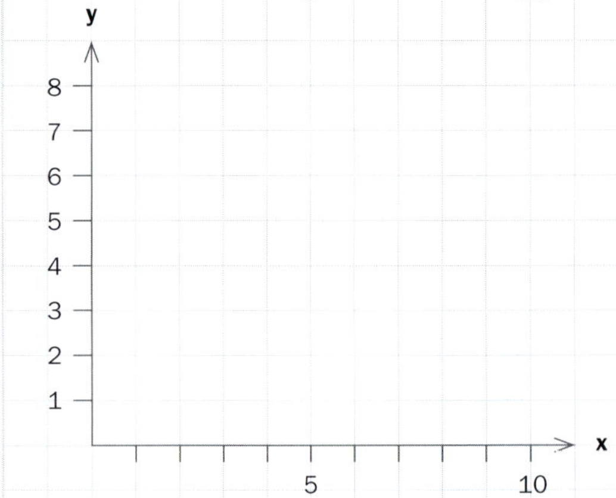

Aufgabe 6 **Spiegle das Viereck ABCD mit A (1/2), B (4/3), C (5/6) und D (2/5) an der Geraden durch P (7/0) und Q (7/8)**

Punkte: ☐ von 4

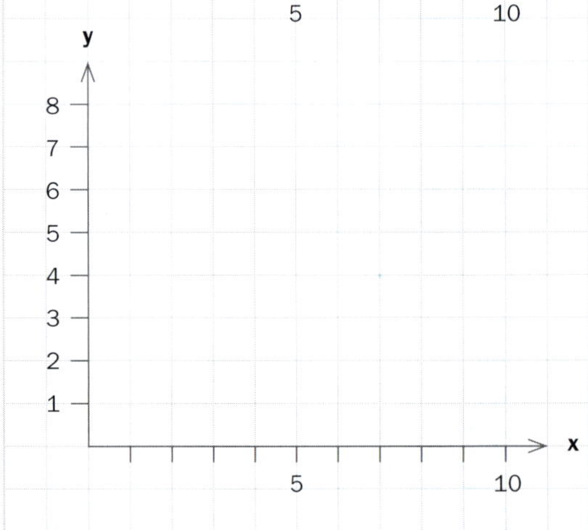

Punkte: ☐ von 23

0–11 Punkte:	Wiederhole noch einmal das Kapitel, dann wirst du es besser schaffen!
12–20 Punkte:	Schon ziemlich gut, wiederhole die Themen, die dir beim Test Probleme gemacht haben.
21–23 Punkte:	Super, alles verstanden!

KAPITEL 6

Proportionalität und Dreisatz

In diesem Kapitel schauen wir uns die direkte und die indirekte Proportionalität (auch proportionale und antiproportionale Zuordnung genannt) an und lernen, diese mithilfe des Dreisatzes auszurechnen. Den Dreisatz hast du sicher schon einmal angewendet, zum Beispiel wenn du aus dem Preis von drei Kinokarten berechnet hast, wie viel fünf Kinokarten kosten.

Alles klar?! ⟫ Übungen ⟫ Abschlusstest ⟫ Online-Weiterüben

6.1 Zuordnungen

Zuordnungen

Alles klar?!

In einer Zuordnungstabelle wird einer Ausgangsgröße eine Zielgröße zugeordnet. Die Abhängigkeit der beiden Größen voneinander wird in einem Koordinatensystem dargestellt. Die Ausgangsgrößen werden auf der x-Achse notiert und die Zielgrößen auf der y-Achse. Hat man alle Punkte im Koordinatensystem eingetragen, kann man sie zu einer Kurve zusammenführen.

Beispiel: An einem Sommertag werden zwischen 8 Uhr und 20 Uhr folgende Temperaturen gemessen:

Uhrzeit	8.00	10.00	12.00	14.00	16.00	18.00	20.00
Temperatur in Grad	15	18	22	26	26	24	21

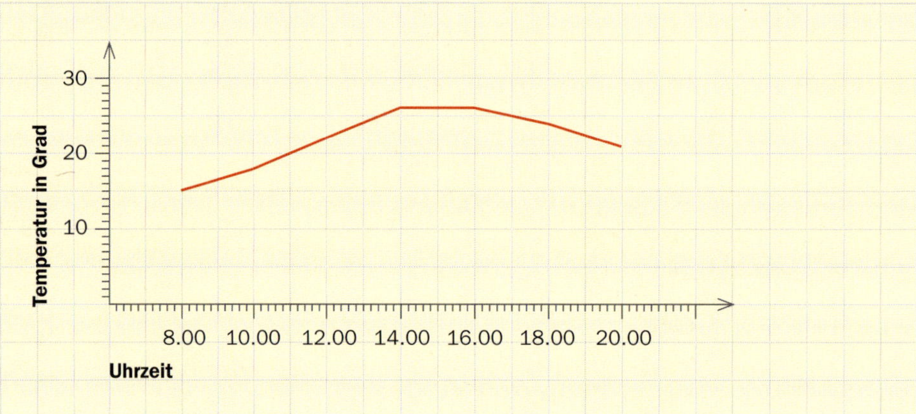

Übung 1 **Erstelle eine Zuordnungstabelle und skizziere den Verlauf.**

Ein Lebensmittelgeschäft untersucht den Kundenansturm im Laufe eines Tages. Um 9 Uhr sind 10, um 11 Uhr 12, um 13 Uhr 7, um 15 Uhr 15, um 17 Uhr 23 und um 19 Uhr 9 Kunden im Geschäft. Trage ein Koordinatensystem in das karierte Feld ein.

 Lösungen Seite 116

6.2 Proportionale Zuordnungen/Direkte Proportionalität

Proportionale Zuordnung

Alles klar?!

Eine Zuordnung heißt **(direkt) proportional**, wenn beim Verdoppeln (Verdreifachen, Vervierfachen, ...) einer Größe auch die andere Größe verdoppelt (verdreifacht, vervierfacht, ...) wird. Je mehr man von der einen Größe hat, desto mehr hat man auch von der anderen Größe. Beim Skizzieren einer **proportionalen** Zuordnung erhält man immer eine Halbgerade durch den Koordinatenursprung.

Beispiele:
1) Je mehr Eiskugeln man kauft, desto höher ist der Preis.
2) Je mehr Fläche Rasen gemäht wird, desto mehr Zeit braucht man.
3) Je mehr Schüler in einer Klasse sind, desto mehr Stühle braucht man.

Merke:

Proportionale Zuordnungen sind immer quotientengleich.
Teilt man eine Größe durch die zugehörige Zuordnungsgröße, so erhält man immer den gleichen Wert.

Beispiel: Ein Kilogramm Kartoffeln kostet 1,50 €, zwei Kilogramm kosten 3 € und so weiter. Diesen Sachverhalt stellen wir zunächst in einer Zuordnungstabelle und dann grafisch dar.

Kartoffelmenge in kg	1	2	3	4	5	6
Preis in Euro	1,50	3,00	4,50	6,00	7,50	9,00

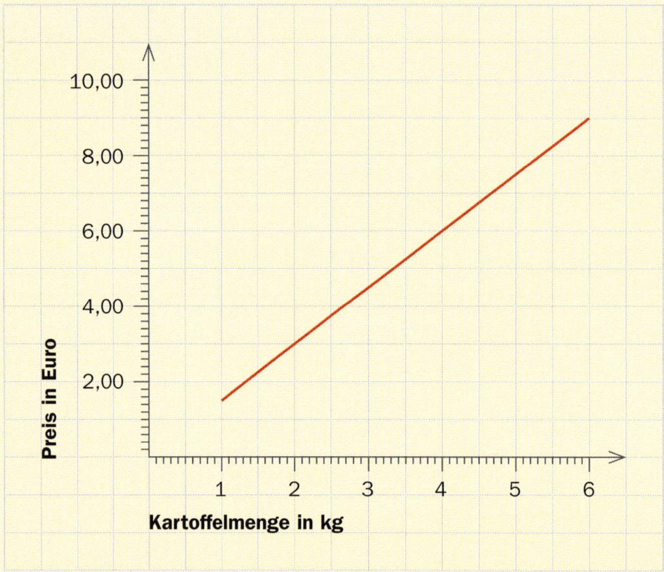

Quotientengleichheit: $\frac{1,5}{1} = \frac{3}{2} = \frac{4,5}{3} = \frac{6}{4} = \frac{7,5}{5} = \frac{9}{6}$

››› Übung 1 Zeichne.

Eine Kinokarte kostet 3,50 €. Erstelle eine Zuordnungstabelle und eine grafische Darstellung für 1 bis 5 Kinokarten. Denke auch an die Beschriftung des Koordinatensystems.

Lösung mit Dreisatz

Alles klar?!

Mithilfe des **Dreisatzes** versucht man über ein Zuordnungspaar ein anderes Zuordnungspaar zu berechnen.

Beispiel: Tina kauft fünf Kugeln Eis für 3,00 €. Wie teuer sind sieben Kugeln Eis?

Anzahl der Kugeln	5	1	7
Preis in Euro	3,00	0,60	4,20

Aus dem Preis für fünf Kugeln Eis wird zunächst der Preis für eine Kugel berechnet. Dann multipliziert man das Ergebnis mit 7 und erhält so den Preis für sieben Kugeln.

Merke:

Bei proportionalen Zuordnungen führt man auf beiden Seiten der Gleichung genau die gleichen Rechenschritte durch.

Übung 2 Berechne mithilfe des Dreisatzes.

a) 8 kg Kartoffeln kosten 12,00 €.
Wie teuer sind 10 kg?

b) Mit 30 Liter Benzin fährt eine Familie 270 km.
Wie weit kommt sie mit 45 Litern Benzin?

c) Für 800 m^2 Rasenmähen braucht Pascal 120 Minuten.
Wie lange braucht er für 1200 m^2?

d) 7 Übernachtungen in einem Hotel kosten 315,00 €.
Wie teuer sind 10 Übernachtungen?

e) 21 Rechenhefte kosten 18,90 €.
Wie teuer sind 15 Rechenhefte?

6.3 Antiproportionale Zuordnungen/Indirekte Proportionalität

Antiproportionale Zuordnung

Eine Zuordnung ist **antiproportional** (bzw. indirekt oder auch umgekehrt proportional), wenn beim Verdoppeln (Verdreifachen, Vervierfachen, ...) der einen Größe die andere halbiert (gedrittelt, geviertelt, ...) wird. Je mehr ich von der einen Größe habe, desto weniger habe ich von der anderen.

Merke: Antiproportionale Zuordnungen sind immer produktgleich. Multipliziert man eine Größe mit ihrer zugeordneten Größe, erhält man immer das gleiche Ergebnis.

Beispiel: Bei 1 Liter Verbrauch pro 100 km reicht die Tankfüllung eines Autos für 800 km. Je größer der Verbrauch des Autos, desto weniger Kilometer kann man fahren.

Verbrauch	1	2	4	5	8
Kilometer	800	400	200	160	100

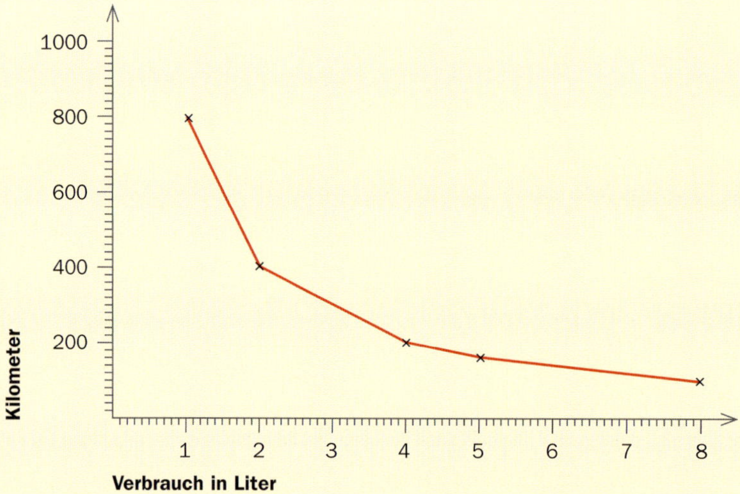

Produktgleich: $800 \cdot 1 = 400 \cdot 2 = 200 \cdot 4 = 160 \cdot 5 = 100 \cdot 8 = 800$

⟫⟫⟫ Übung 1 **Berechne und zeichne.**

1 Wasserpumpe braucht zum Entleeren eines Schwimmbeckens 18 Stunden. Erstelle eine Zuordnungstabelle für 1, 2, 3, 6 und 12 gleich starke Pumpen und skizziere den Verlauf.

Lösung mit Dreisatz

Alles klar?!

Bei der **antiproportionalen** Zuordnung kann man auch mithilfe des **Dreisatzes** aus einem Zuordnungspaar ein anderes Zuordnungspaar berechnen.
Hier führt man auf beiden Seiten entgegengesetzte Rechenvorgänge durch. Multipliziert man auf der einen Seite, dividiert man auf der anderen, und umgekehrt. Auch hier berechnet man zunächst die Größe für eine Einheit und kommt dann auf die Größe für die gesuchten Einheiten.

Beispiel: 6 LKW müssen jeweils 16 Fahrten machen, um einen Schuttberg abzutransportieren. Wie oft müssen 8 LKW fahren?

Anzahl LKW	Anzahl Fahrten
6	16
1	96
8	12

Auf der linken Seite wurde durch 6 dividiert, auf der rechten Seite mit 6 multipliziert. Dann wird links mit 8 multipliziert, rechts durch 8 dividiert. So erhält man das gesuchte Ergebnis: 8 LKW müssen 12 Fahrten machen.

Die Zuordnungstabelle sieht so aus:

Anzahl LKW	1	2	3	4	6	8
Anzahl Fahrten	96	48	32	24	16	12

Merke:

Bei antiproportionalen Zuordnungen führt man auf beiden Seiten genau die entgegengesetzten Rechenschritte durch.

Übung 2 **Berechne mithilfe des Dreisatzes.**

a) Tina hat ausgerechnet, dass ihr Taschengeld 16 Tage reicht, wenn sie 3 € pro Tag ausgibt. Wie lange reicht es, wenn sie 4 € pro Tag ausgibt?

b) Um einen Öltanker komplett mit Farbe zu streichen, brauchen 4 Maler 200 Stunden. Wie lange brauchen 10 Maler?

c) In einer Jugendherberge reichen die Joghurtvorräte für 120 Kinder 80 Tage. Wie lange reichen sie für 100 Kinder?

 Lösungen Seite 117/118

Abschlusstest (20 Minuten)

Aufgabe 1 **Stelle folgenden Notenspiegel einer Schulklasse als Zuordnung im Koordinatensystem dar.**

Zensur	1	2	3	4	5	6
Anzahl	2	4	8	5	2	0

Punkte: ☐ von 2

Lösungen Seite 118

Aufgabe 2 **Entscheide zuerst, ob eine proportionale oder eine antiproportionale Zuordnung vorliegt. Rechne dann die Aufgabe.**

a) 7 kg Hackfleisch kosten 14,70 €. Wie teuer sind 12 kg?

b) Thomas geht mit 5 Freunden ins Kino und soll insgesamt 42 € bezahlen. Zwei wollen jedoch nicht mit. Was kostet der Besuch jetzt insgesamt?

c) Für 20 Kühe reicht das Futter 14 Tage. Wie lange reicht es für 28 Kühe?

d) Im Urlaub bemerkt Finns Mutter, dass Finns Taschengeld nur 10 Tage reicht, wenn er weiterhin 7 € pro Tag ausgibt. Sie schlägt ihm vor, nur so viel Geld pro Tag auszugeben, dass es die ganzen 14 Tage reicht. Wie viel darf Finn pro Tag ausgeben, damit das Taschengeld reicht?

Punkte: ☐ von 4 mal 2

Aufgabe 3 **Überprüfe zu den Aufgaben 2b) und 2d) von oben die Quotienten- bzw. die Produktgleichheit.**

2 b)

2 d)

Punkte: ☐ von 2

Punkte: ☐ von 12

0–6 Punkte: Wiederhole noch einmal das Kapitel, dann wirst du es besser schaffen!

7–9 Punkte: Schon ziemlich gut, wiederhole die Themen, die dir beim Test Probleme gemacht haben.

10–12 Punkte: Super, alles verstanden!

 Lösungen Seite 118

KAPITEL 7

Zufall und Prognose

Wie lange dauert es, bis ich eine Sechs würfele? Wie hoch ist die Wahrscheinlichkeit, beim Roulette zu gewinnen? Für diese Fragen kann man Prognosen aufstellen. Aber Prognosen können sich auch als falsch erweisen. Sie geben immer nur eine Vermutung an. In der Mathematik nennt man das Wahrscheinlichkeitsrechnung.

7.1 Zufall und Häufigkeiten

Zufallsexperimente

Alles klar?!

Das Werfen eines Würfels, das Werfen einer Münze, das Ziehen einer Lottokugel, das alles sind **Zufallsexperimente**.

Folgende Eigenschaften müssen erfüllt sein:
- Man weiß nicht, welches Ergebnis eintritt.
- Man kennt die möglichen Ergebnisse und kann sie zu einer Ergebnismenge zusammenfassen.
- Der Versuch kann beliebig oft wiederholt werden.

Für den Ausgang von Zufallsexperimenten kann man **Prognosen** erstellen.

Beispiel: Eine Münze wird 100-mal geworfen. Man rechnet damit, dass das Wappen 50-mal erscheint und auch die Zahl 50-mal auftaucht.

Beispiel: Ein Würfel wird 60-mal geworfen. Man rechnet damit, dass die Sechs 10-mal erscheint.

Merke:

Prognosen müssen nicht mit dem wirklichen Ergebnis übereinstimmen. Jeder hat schon einmal gemerkt, dass es sehr lange dauern kann, bis man beim Mensch-ärger-dich-nicht-Spiel eine Sechs würfelt. Und ein anderes Mal wirft man schon beim ersten Versuch eine Sechs.

››› Übung 1 Stelle Prognosen auf.

a) Es wird 300-mal gewürfelt. Wie oft wird die Eins erscheinen?

b) Eine Münze wurde 400-mal geworfen. Wie oft kam Zahl?

c) Es wurde 15-mal die Drei gewürfelt.
Wie oft wurde insgesamt gewürfelt?

 Lösungen Seite 119

Absolute und relative Häufigkeit

Alles klar?!

Die absolute Häufigkeit gibt an, wie oft ein Ergebnis eingetreten ist.
Die relative Häufigkeit setzt die absolute Häufigkeit in Relation zur Anzahl der Versuche.

Beispiel: Ein Würfel wurde 20-mal geworfen.
Es kam 4-mal die Augenzahl Sechs zum Vorschein:

Absolute Häufigkeit: 4 Relative Häufigkeit: $\frac{4}{20} = \frac{1}{5}$

Beispiel:
Der Notenspiegel bei einer Klassenarbeit sieht so aus:

Zensur	1	2	3	4	5	6
Anzahl	5	7	2	6	2	2

Bei der Klassenarbeit haben 24 Schüler mitgeschrieben.

a) 5 Schüler haben eine Eins:

Absolute Häufigkeit: 5 Relative Häufigkeit: $\frac{5}{24}$

b) 5 + 7 + 2 + 6 = 20 Schüler haben eine positive Note (4 oder besser) erreicht:

Absolute Häufigkeit: 20 Relative Häufigkeit: $\frac{20}{24} = \frac{5}{6}$

››› Übung 2 **Gib die absolute und die relative Häufigkeit an.**

a) Beim 200-fachen Würfeln erscheint 35-mal die Sechs.

b) Von 34 Autos auf einem Parkplatz haben 13 die Farbe schwarz.

c) Beim letzten Ostseeurlaub hat an 14 Tagen insgesamt 9-mal die Sonne geschienen.

d) In einer Klasse mit insgesamt 26 Schülern gibt es 15 Mädchen.

7.2 Wahrscheinlichkeiten

Was bedeutet Wahrscheinlichkeit?

Alles klar?!

Die Wahrscheinlichkeit eines Ereignisses ist die relative Häufigkeit, die man auf lange Sicht erwartet. Die **Wahrscheinlichkeit** wird mit **P** bezeichnet.

Beispiele:

1) Ein Würfel wird geworfen. P (Augenzahl 6) = $\frac{1}{6}$

2) Eine Münze wird geworfen. P (Erscheinen Zahl) = $\frac{1}{2}$

3) Bei einem Glücksrad gibt es 4 rote, 3 grüne und 3 blaue Sektoren, die alle gleich groß sind.

P (roter Sektor) = $\frac{4}{10} = \frac{2}{5}$ P (grüner Sektor) = $\frac{3}{10}$

Merke: Ein Ereignis ist die Zusammenfassung von Ergebnissen. Die Wahrscheinlichkeit eines Ereignisses ist die Addition aller Wahrscheinlichkeiten der einzelnen Ergebnisse.

Beispiel: Würfeln einer Zahl $x < 4$

Ereignis E = {1,2,3}

P (E) = P (1) + P (2) + P (3) = $\frac{1}{6} + \frac{1}{6} + \frac{1}{6} = \frac{3}{6} = \frac{1}{2}$

Beispiel: Beim Roulette-Spiel gibt es die Zahlen 1 bis 36 auf 18 roten und 18 schwarzen Feldern und ein grünes Feld mit der Null.

Berechnet werden nun die Wahrscheinlichkeiten für folgende Möglichkeiten:

a) Kugel auf rotem Feld. P (Rot) = $\frac{18}{37}$

b) Ergebnis ist eine Zahl, die ein Vielfaches von 4 ist.

E = {4,8,12,16,20,24,28,32,36} P (E) = $\frac{9}{37}$

c) Ergebnis ist die Zahl 0. P (0) = $\frac{1}{37}$

››› Übung 1 Gib das Ereignis E an und berechne P (E).

a) Einmaliges Würfeln für das Ereignis „Würfeln einer Zahl > 4“.

b) Einmaliges Würfeln für das Ereignis „Vielfaches von 3“.

c) In einem Gefäß sind Kugeln mit den Ziffern von 1 bis 20 durchnummeriert. Einmaliges Ziehen einer Kugel für das Ereignis „Zahl < 5“.

d) Gleiches Gefäß wie bei c). Einmaliges Ziehen einer Kugel für das Ereignis „Zahl ist Vielfaches von 6“.

››› Übung 2 Es wird wieder Roulette gespielt.

Berechne die Wahrscheinlichkeiten für:

a) Ergebnis ist Vielfaches von 7.

b) Ergebnis ist keine rote Zahl.

c) Ergebnis ist Teiler von 12.

d) Ergebnis ist nicht 5.

7.3 Ereignis und Gegenereignis

Ereignis und Gegenereignis

Alles klar?!

In einem Gegenereignis ($\overline{E}$) sind alle Ergebnisse enthalten, die nicht in einem Ereignis E enthalten sind. Es gilt $P(\overline{E}) + P(E) = 1$. Daraus folgt $P(\overline{E}) = 1 - P(E)$.

Beispiel: Die Augenzahl beim einmaligen Würfeln ist kleiner als 3.

$E = \{1,2\}$ $\quad P(E) = \frac{2}{6} = \frac{1}{3}$

$\overline{E} = \{3,4,5,6\}$ $\quad P(\overline{E}) = \frac{4}{6} = \frac{2}{3} = 1 - P(E)$

Merke: Manchmal ist es einfacher, die Wahrscheinlichkeit des Gegenereignisses zu bestimmen, um darüber die Wahrscheinlichkeit des Ereignisses zu berechnen.

Beispiel: In einem Gefäß sind die Kugeln mit den Ziffern von 1 bis 100. Wie hoch ist die Wahrscheinlichkeit, dass die gezogene Kugel kleiner als 98 ist?

$E = \{1,2,3,4,\ldots,95,96,97\}$ $\quad \overline{E} = \{98,99,100\}$

$P(\overline{E}) = \frac{1}{100} + \frac{1}{100} + \frac{1}{100} = \frac{3}{100}$ $\quad P(E) = 1 - \frac{3}{100} = \frac{97}{100}$

Die Anzahl der Ergebnisse im Gegenereignis ist wesentlich geringer als die Anzahl der Ergebnisse im Ereignis. In solchen Fällen ist es sinnvoll, die Wahrscheinlichkeit des Ereignisses mithilfe der Wahrscheinlichkeit des Gegenereignisses zu berechnen.

Übung 1 **Ein Glücksrad ist in 10 gleich große Sektoren aufgeteilt, die mit den Ziffern von 1 bis 10 nummeriert sind. Berechne die Wahrscheinlichkeit für folgende Ereignisse mithilfe des Gegenereignisses.**

a) E: Die Zahl ist > 2.

b) E: Die Zahl ist < 10.

c) E: Die Zahl ist kein Vielfaches von 6.

››› Übung 2 Beim Lotto wird eine Kugel von 49 Kugeln entnommen. Bestimme das Gegenereignis und berechne die Wahrscheinlichkeit für das Ereignis und das Gegenereignis.

a) E: Die gezogene Zahl ist 17.

b) E: Die gezogene Zahl ist größer als 10.

c) E: Die gezogene Zahl ist kleiner als 44.

d) E: Die gezogene Zahl ist größer als 1.

››› Übung 3 Beschreibe jeweils das Gegenereignis.

a) E: Im Raum sind höchstens 5 Mädchen.

b) E: Die ausgewählte Person ist mindestens 30 Jahre alt.

c) E: Das nächste vorbeifahrende Auto ist ein Golf.

d) E: Tom hat mehr als 6 Personen zum Geburtstag eingeladen.

Lösungen Seite 120

7.4 Laplace-Experimente

Was ist ein Laplace-Experiment?

Alles klar?!

Bei allen bisherigen Aufgaben handelte es sich um **Zufallsexperimente**, bei denen alle Ergebnisse die gleiche Wahrscheinlichkeit haben. Solche Experimente nennt man **Laplace-Experimente**. Bei n möglichen Ergebnissen hat jedes die Wahrscheinlichkeit $\frac{1}{n}$.

Fasst man mehrere Ergebnisse eines Laplace-Experiments zu einem Ereignis zusammen, so gilt:

$$\text{Wahrscheinlichkeit eines Ereignisses} = \frac{\text{Anzahl günstige Ergebnisse}}{\text{Anzahl mögliche Ergebnisse}}$$

Beispiel:

1) Wir werfen einen Würfel. Mögliche Ergebnisse sind {1,2,3,4,5,6}.

   Jedes Ergebnis hat die Wahrscheinlichkeit $P = \frac{1}{6}$

   Die Wahrscheinlichkeit für E: Augenzahl gerade,

   also E = {2,4,6} ist $\frac{3 \text{ (günstige Ergebnisse)}}{6 \text{ (mögliche Ergebnisse)}} = \frac{1}{2}$

2) Wir werfen eine Münze. Mögliche Ergebnisse sind

   E = {Kopf, Zahl}. P (Kopf) = P (Zahl) = $\frac{1}{2}$

››› Übung 1 Ein Glücksrad mit 12 gleich großen, mit den Ziffern von 1 bis 12 nummerierten Sektoren wird gedreht.

a) Handelt es sich um ein Laplace-Experiment?

b) Berechne die Wahrscheinlichkeit für E: Vielfaches von 3.

››› Übung 2 In einem Kaninchengehege laufen 35 Männchen und 47 Weibchen wild umher. Für die Zucht braucht man ein Männchen.

Wie groß ist die Wahrscheinlichkeit, zufällig ein Männchen zu fangen?

››› Übung 3 In der 6 d haben vier Schüler im Januar, einer im Februar, drei im März, keiner im April, zwei im Mai, fünf im Juni, zwei im Juli, vier im August, einer im September, fünf im Oktober, zwei im November und einer im Dezember Geburtstag.

Wie groß ist die Wahrscheinlichkeit, dass ein zufällig ausgewählter Schüler in den ersten drei Monaten des Jahres Geburtstag hat?

Abschlusstest (20 Minuten)

Aufgabe 1 Gib die Ergebnismenge an.

a) Werfen eines Würfels

b) Werfen einer Münze

Punkte: von 2

Aufgabe 2 Gib das Gegenereignis $\overline{E}$ an und die Wahrscheinlichkeit $P(\overline{E})$.

a) Werfen eines Würfels, E = Augenzahl > 3

b) Werfen eines Würfels, E = ungerade Zahl

c) Roulette E = keine rote Zahl

Punkte: von 3 mal 2

Aufgabe 3 Berechne die Wahrscheinlichkeit.

a) Würfeln einer Zahl > 2.

b) Drehen eines Glücksrads mit 20 Sektoren.
Drehen einer Zahl kleiner als 15.

c) Roulette: Erdrehen einer Zahl, die Vielfaches von 5 ist.

Punkte: von 3

Aufgabe 4 In einem Gefäß sind 8 gelbe, 6 schwarze, 7 rote und 4 blaue Kugeln. Berechne mithilfe der Laplace-Regel die Wahrscheinlichkeit für das Ziehen:

a) einer schwarzen Kugel

b) einer roten Kugel

c) keiner blauen Kugel

d) keiner gelben oder roten Kugel

Punkte: von 4

Punkte: von 15

0–8 Punkte: Wiederhole noch einmal das Kapitel, dann wirst du es besser schaffen!

9–12 Punkte: Schon ziemlich gut, wiederhole die Themen, die dir beim Test Probleme gemacht haben.

13–15 Punkte: Super, alles verstanden!

 Lösungen Seite 120/121

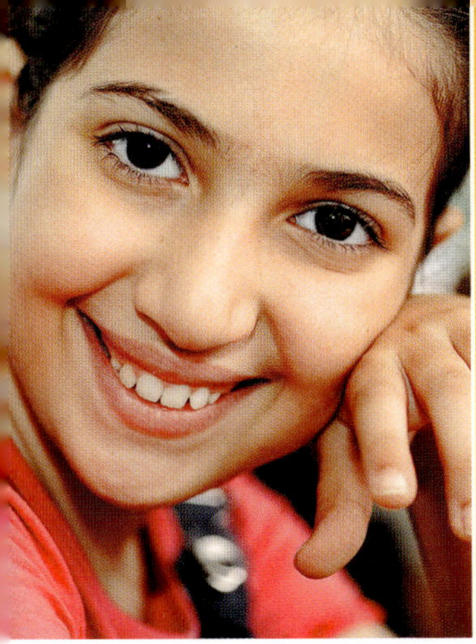

8 KAPITEL

Prozentrechnung, Diagramme und Zinsrechnung

Prozentrechnung und Diagramme begegnen uns täglich: Es gibt Gehaltssteigerungen von 4 Prozent (%), Zinsen von 8 % oder 19 % Mehrwertsteuer. In Diagrammen kann man Mengenanteile verdeutlichen. Das Berechnen von Prozenten und die Darstellung in einem Diagramm werden wir in diesem Kapitel erlernen. Außerdem schauen wir uns die Anwendung der Prozentrechnung in der Zinsrechnung an.

Alles klar?! ››› Übungen ››› Abschlusstest ››› Online-Weiterüben

8.1 Prozentwert, Prozentsatz und Grundwert

Prozentrechnung

Alles klar?!

In der Prozentrechnung kommen die Begriffe **Prozentwert (PW)**, **Prozentsatz (p)** und **Grundwert (GW)** vor. Der Grundwert entspricht immer 100 %. Der Prozentsatz bezeichnet die Anzahl der Prozente, die berechnet werden. Der Prozentwert bezeichnet den Zahlenwert, der sich daraus ergibt.

8 % von 200,00 € sind 16,00 €

200,00 € ist der Grundwert, das Ganze, 8 % der Prozentsatz und 16,00 € der Prozentwert.

Prozentwertberechnung

Zur Berechnung des **Prozentwerts** müssen der Grundwert und der Prozentsatz gegeben sein. Die Berechnung erfolgt mit folgender Formel:

$$PW = \frac{GW \cdot p}{100}$$

Beispiele:

1) 7 % von 200,00 €

$$PW = \frac{200 \cdot 7}{100} = 14\,€$$

2) 35 % von 4000,00 kg

$$PW = \frac{4000 \cdot 35}{100} = 1400\,kg$$

3) Ein Elektronikunternehmen gibt auf alle Geräte einen Rabatt von 15 %. Wie viel Rabatt bekommt man auf einen Kühlschrank, der 500 € kostet?

$$PW = \frac{500 \cdot 15}{100} = 75\,€$$

Man erhält einen Rabatt von 75 €.

Übung 1 **Berechne den Prozentwert.**

a) 4 % von 6000 € =

b) 17 % von 800 g =

c) 45 % von 4200 € =

d) Tine hat aus einer Tüte Bonbons mit insgesamt 60 Stück schon 15 % gegessen. Wie viele Bonbons waren das?

e) Marie-Sophie hatte in ihrer Schachtel 30 Pralinen. 30 % hat sie schon gegessen. Wie viele Pralinen sind noch da?

f) Luis hat von 80 Harry-Potter-Sammelbildern 70 % gesammelt. Wie viele Bilder hat er?

Prozentsatzberechnung

Alles klar?!

Zur Berechnung des **Prozentsatzes** müssen der Grundwert und der Prozentwert gegeben sein. Die Berechnung erfolgt mit folgender Formel:

$$p = \frac{PW \cdot 100}{GW}$$

Beispiele: 1) Wie viel Prozent sind 20 € von 80 €?

$$p = \frac{20 \cdot 100}{80} = 25\,\%$$

2) Wie viel Prozent sind 800 kg von 2000 kg?

$$p = \frac{800 \cdot 100}{2000} = 40\,\%$$

3) Pauls Vater bekommt eine Gehaltserhöhung von 100 €. Vorher hat er 2000 € verdient. Wie viel Prozent Gehaltserhöhung hat er bekommen?

$$p = \frac{100 \cdot 100}{2000} = 5\,\%$$

Er hat eine Gehaltserhöhung von 5% bekommen.

Lösungen Seite 121

››› Übung 2 Berechne den Prozentsatz.

a) 45 € von 180 € =

b) 1800 kg von 2000 kg =

c) 198 € von 200 € =

d) Max fährt mit seinen Eltern in Urlaub. Von den 1200 km Gesamtstrecke haben sie bereits 720 km zurückgelegt.

e) Von den letzten 20 Spielen hat Werder Bremen 12 gewonnen. Wie viel Prozent sind das?

f) Von 40 Tagen Ferien hat es bereits 10 Tage geregnet. Wie viel Prozent sind das?

Grundwertberechnung

Alles klar?!

Zur Berechnung des **Grundwerts** müssen der Prozentwert und der Prozentsatz gegeben sein. Die Berechnung erfolgt mit folgender Formel:

$GW = \frac{PW \cdot 100}{p}$

Beispiele:

1) 5 % entsprechen 200 €.

$GW = \frac{200 \cdot 100}{5} = 4000€$

2) 95 % entsprechen 1900 g.

$GW = \frac{1900 \cdot 100}{95} = 2000\,g$

3) An einem Gymnasium sind 4 % der Schüler und Schülerinnen hochbegabt. Das sind 24 Schüler und Schülerinnen. Wie viele Schüler hat das Gymnasium insgesamt?

$GW = \frac{24 \cdot 100}{4} = 600$

Das Gymnasium hat 600 Schüler.

4) In einem Imbiss wurden 49 kg Pommes verkauft. Das sind 70 % des Vorrats. Wie groß war der Vorrat insgesamt?

$GW = \frac{49 \cdot 100}{70} = 70\,kg$

Der Vorrat betrug 70 kg.

Übung 3 Berechne den Grundwert.

a) 12 % sind 360 $.

b) 58 % sind 1160 kg.

c) 36 % sind 2880 t.

d) Nach 4 Tagen Urlaub sagt Leons Vater, dass 25 % des gesamten Urlaubs inzwischen vorbei sind.
Wie lange dauert der Urlaub?

e) Luca hat 12 € seines Geburtstagsgeldes ausgegeben, das sind 30 %.
Wie viel Geld hat er bekommen?

f) 40 % der Schüler der Klasse kommen mit dem Bus. Das sind 10 Schüler.
Wie viele Schüler sind in der Klasse?

Lösungen Seite 122

8.2 Darstellung von Anteilen in Diagrammen

Diagramme

Alles klar?!

Man kann verschiedene Anteile an einem Ganzen in einem **Diagramm** darstellen. So kann man die einzelnen Anteile gut vergleichen.

Beispiel: In einem 6. Jahrgang einer Schule sind 35 % der Schüler 11 Jahre alt, 55 % 12 Jahre und 10 % 13 Jahre alt. Diesen Sachverhalt wollen wir in verschiedenen Diagrammen darstellen.

1. Kreisdiagramm

In einem Kreisdiagramm wird ein Kreis in verschiedene „Tortenstücke" unterteilt. Da der Gesamtwinkel im Kreis 360 Grad beträgt, entspricht das dem Grundwert, so entspricht 1 % = 3,6 Grad und man kann die Winkel für die Prozentwerte berechnen.

Diese einzelnen Anteile skizziert man in einem Kreis und macht so die verschiedenen Größen sichtbar.

$35\,\% = 35 \cdot 3{,}6^\circ = 126^\circ$ (dunkelblau)
$55\,\% = 55 \cdot 3{,}6^\circ = 198^\circ$ (hellblau)
$10\,\% = 10 \cdot 3{,}6^\circ = 36^\circ$ (gelb)

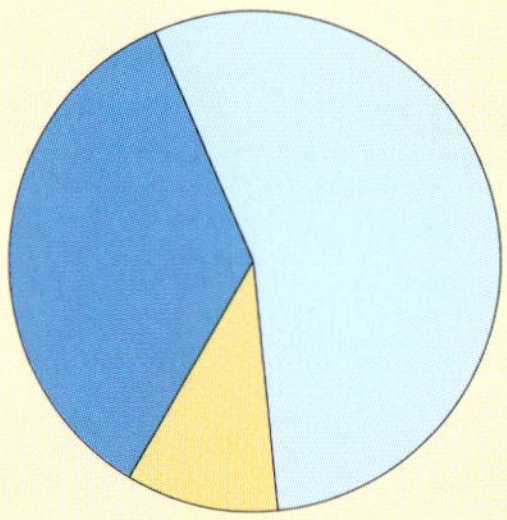

2. Stabdiagramm

Wir betrachten einen 10 cm langen Stab. 10 cm entsprechen 100 % (Grundwert), also ist 0,1 cm = 1 mm = 1 %.

35 % = 35 mm = 3,5 cm (dunkelblau)
55 % = 55 mm = 5,5 cm (hellblau)
10 % = 10 mm = 1 cm (gelb)

3. Balkendiagramm

Wir zeichnen ein Koordinatensystem, dessen y-Achse auf einer Länge von 10 cm eine Einteilung von 1 cm hat. Nun zeichnen wir 3 Balken ein. Wir haben hier die gleichen Längen wie beim Stabdiagramm. Die Balken sind also 3,5 cm, 5,5 cm und 1 cm hoch.

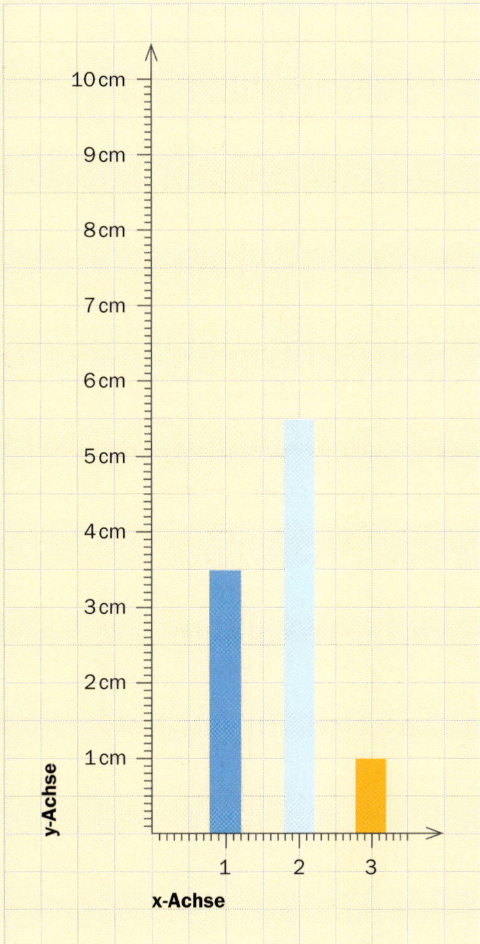

››› Übung 1 **Stelle den Sachverhalt in einem Stabdiagramm dar.**

Maja macht mit ihren Eltern Urlaub in der Toskana. Auf der Fattoria kommen 30 % der Gäste aus Deutschland, 35% aus Frankreich, 10 % aus Österreich und 25 % aus Italien.

Übung 2 **Stelle den Sachverhalt in einem Balkendiagramm dar.**

Bei einer Umfrage unter Abiturienten wollen 35% Betriebswirtschaft studieren, 20% Lehramt, 5% Mathematik und 10% Medizin, der Rest will eine Berufsausbildung machen.

Übung 3 **Stelle den Sachverhalt in einem Kreisdiagramm dar.**

Zu einem Fußballspiel kommen 60% der Zuschauer mit dem Auto, 20% der Zuschauer mit der S-Bahn, 5% mit dem Fahrrad und 15% zu Fuß.

Übung 4 **Zeichne Diagramme.**

In einem Sportverein spielen 50% Fußball, 20% Handball, 20% Leichtathletik und 10% Basketball.

 Lösungen Seite 122/123

8.3 Zinsrechnung

Zinsrechnung

Alles klar?!

Leiht man sich bei einer Bank Geld, zahlt man Zinsen. Legt man einen gewissen Betrag bei einer Bank an, bekommt man Zinsen. Der Zinssatz bezieht sich immer auf einen Zeitraum von einem Jahr. **Z = Zinsen**, **K = Kapital**, **p = Zinssatz**

Hier gelten folgende Gleichungen:

$Z = \frac{K \cdot p}{100}$ $\quad K = \frac{Z \cdot 100}{p}$ $\quad p = \frac{Z \cdot 100}{k}$

Beispiele:

1) $K = 4000{,}00\,€$ $\quad p = 8\,\%$ $\quad Z = \frac{4000 \cdot 8}{100} = 320{,}00\,€$

2) $Z = 240\,€$ $\quad K = 4000{,}00\,€$ $\quad p = \frac{240 \cdot 100}{4000} = 6\,\%$

3) $Z = 850{,}00\,€$ $\quad p = 17\,\%$ $\quad K = \frac{850 \cdot 100}{17} = 5000{,}00\,€$

Tageszinsberechnung

Legt man das Geld nicht für ein ganzes Jahr an oder leiht man sich das Geld nicht für ein ganzes Jahr, kann man die Zinsen auch tagesgenau berechnen.
Dazu berechnet man zunächst die Zinsen für das ganze Jahr, teilt sie durch 360 und multipliziert das Ergebnis mit der Anzahl der Anlagetage. In der Zinsrechnung geht man immer von 360 Jahrestagen und 30 Monatstagen aus. t = Anzahl der Tage.

Es ergeben sich folgende Formeln:

$Z = \frac{K \cdot p \cdot t}{100 \cdot 360}$ $\quad K = \frac{Z \cdot 100 \cdot 360}{p \cdot t}$ $\quad p = \frac{Z \cdot 100 \cdot 360}{K \cdot t}$ $\quad t = \frac{Z \cdot 100 \cdot 360}{K \cdot p}$

Beispiele:

1) $K = 4000\,€$ $\quad p = 3\,\%$ $\quad t = 60$ Tage $\quad Z = \frac{4000 \cdot 3 \cdot 60}{100 \cdot 360} = 20\,€$

2) $Z = 200\,€$ $\quad p = 10\,\%$ $\quad t = 30$ Tage $\quad K = \frac{200 \cdot 100 \cdot 360}{10 \cdot 30} = 24\,000{,}00\,€$

3) 40 000 € bringen bei einer Anlagezeit von 120 Tagen 800 € Zinsen. $\quad p = \frac{800 \cdot 100 \cdot 360}{40\,000 \cdot 120} = 6$

Gegeben sind: K, Z, t $\quad$ gesucht ist: p $\quad$ Der Zinssatz beträgt 6 %.

››› Übung 1 **Berechne die fehlende Größe.**

a) $K = 2000\,€$ $\quad t = 150$ Tage $\quad p = 12\,\%$ $\quad$ =

b) $K = 1200\,€$ $\quad p = 5\,\%$ $\quad Z = 15\,€$ $\quad$ =

c) $Z = 2400\,€$ $\quad p = 7{,}5\,\%$ $\quad t = 200$ Tage $\quad$ =

d) Lara hat von ihren Großeltern 3000 € geschenkt bekommen. Sie legt das Geld für 4,5 % Zinsen an. Wie viele Zinsen erhält sie nach 120 Tagen? $\quad$ =

Abschlusstest (35 Minuten)

))) Aufgabe 1 **Berechne die fehlende Größe.**

a) GW = 800 kg, p = 6 %, PW =

b) GW = 400 t, PW = 20 t, p =

c) PW = 400 €, p = 8 %, GW =

d) GW = 12 000 mm, p = 4 %, PW =

Punkte: ☐ von 4

))) Aufgabe 2 **Berechne die fehlende Größe.**

a) K = 4000 €, Z = 100 € Gesucht: p =

b) K = 800 \$, Z = 40 \$, p = 10 % Gesucht: t =

c) Z = 240 €, p = 6%, t = 60 Tage Gesucht: K =

d) K = 40 000 €, Z = 800 €, t = 90 Tage Gesucht: p =

Punkte: ☐ von 4

))) Aufgabe 3 **Rechne und zeichne.**

Auf dem Parkplatz eines Supermarktes stehen 35 % Volkswagen, 25 % Ford, 15 % Opel, 10 % Audi, 5 % Mercedes, 5 % BMW.
Die übrigen Autos sind sonstige Fabrikate. Stelle diese Anteile an einem Kreisdiagramm dar.

Punkte: ☐ von 2

Lösungen Seite 124

››› Aufgabe 4 **Lies genau, rechne und zeichne.**

Bei der letzten Englischarbeit haben 4 Schüler eine 2, 10 Schüler eine 3 und 6 Schüler eine 4 geschrieben.

a) Wie viele Schüler haben die Arbeit mitgeschrieben?

b) Berechne die Anteile der Noten in Prozent.

c) Stelle den Sachverhalt in einem Stabdiagramm dar.

Punkte: ☐ von 3

››› Aufgabe 5 **Lies genau, rechne.**

Nach einem Jahr hat Rebecca 80 € Zinsen bekommen. Sie hat 2000 € angelegt. Wie hoch ist der Zinssatz?

Punkte: ☐ von 2

››› Aufgabe 6 **Lies genau, rechne.**

Bei 8 % Zinssatz muss Massimo nach 100 Tagen 10 € Zinsen bezahlen. Wie viel Geld hat er sich geliehen?

Punkte: ☐ von 2

Punkte: ☐ von 17

0–8 Punkte:	Wiederhole noch einmal das Kapitel, dann wirst du es besser schaffen!
9–13 Punkte:	Schon ziemlich gut, wiederhole die Themen, die dir beim Test Probleme gemacht haben.
14–17 Punkte:	Super, alles verstanden!

 Lösungen Seite 125

Lösungen

1.1 Veranschaulichen von Bruchteilen

››› Übung 1 (Seite 7)

a) 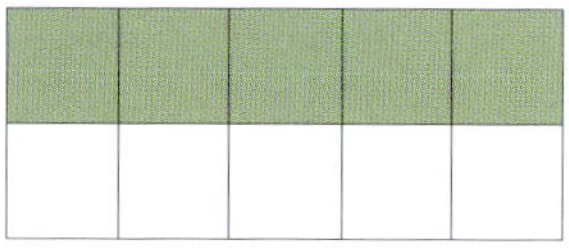

b) 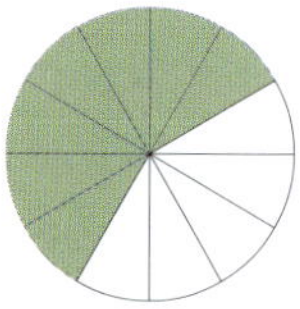

c) 

d) 

e) 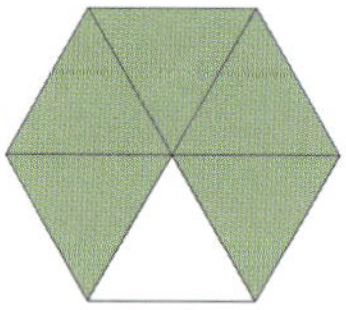

f) 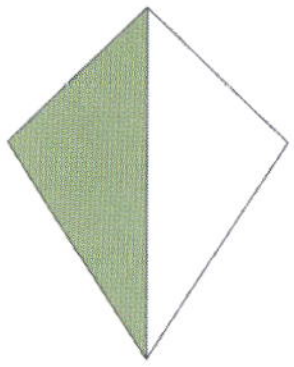

1.2 Erkennen und Berechnen von Bruchteilen

››› Übung 1 (Seite 8)

a) $\frac{5}{8}$ b) $\frac{7}{9}$ c) $\frac{11}{12}$

››› Übung 2 (Seite 9)

a) $\frac{1}{5}$ von 25 km = 25 km : 5 = 5 km, 2 · 5 km = 10 km

b) 25 min c) 60 kg d) 100 m e) 56 € f) 46 cm

1.3 Erweitern und Kürzen von Brüchen

››› Übung 1 (Seite 11)

a) $\frac{12}{15}$ b) $\frac{35}{42}$ c) $\frac{12}{100}$ d) $\frac{45}{120}$ e) $\frac{30}{65}$ f) $\frac{52}{117}$ g) $\frac{22}{77}$ h) $\frac{70}{168}$ i) $\frac{85}{105}$ j) $\frac{51}{85}$ k) $\frac{64}{140}$ l) $\frac{22}{165}$

››› Übung 2 (Seite 11)

a) $\frac{5}{6}$ b) $\frac{2}{3}$ c) $\frac{1}{4}$ d) $\frac{6}{15}$ e) $\frac{2}{5}$ f) $\frac{2}{5}$ g) $\frac{3}{5}$ h) $\frac{1}{5}$ i) $\frac{3}{5}$ j) $\frac{2}{11}$ k) $\frac{2}{9}$ l) $\frac{2}{5}$

››› Übung 3 (Seite 12)

a) $\frac{3}{4}$ b) $\frac{2}{3}$ c) $\frac{1}{4}$ d) $\frac{3}{4}$ e) $\frac{2}{7}$ f) $\frac{2}{5}$ g) $\frac{9}{14}$ h) $\frac{1}{4}$ i) $\frac{5}{8}$ j) $\frac{1}{3}$ k) $\frac{3}{4}$ l) $\frac{3}{11}$

››› Übung 4 (Seite 13)

a) $\frac{15}{24}$ b) $\frac{60}{100}$ c) $\frac{54}{63}$ d) $\frac{700}{1000}$ e) $\frac{15}{55}$ f) $\frac{48}{108}$ g) $\frac{45}{70}$ h) $\frac{77}{132}$ i) $\frac{16}{52}$ j) $\frac{95}{2000}$

1.4 Brüche als gemischte Zahlen und Prozente

Übung 1 (Seite 14)

a) $1\frac{3}{5}$ b) $1\frac{3}{10}$ c) $3\frac{3}{7}$ d) $11\frac{1}{9}$ e) $6\frac{2}{3}$ f) $6\frac{7}{8}$

Übung 2 (Seite 15)

a) $\frac{3}{5} = \frac{60}{100} = 60\,\%$
b) $\frac{4}{25} = \frac{16}{100} = 16\,\%$
c) $\frac{17}{50} = \frac{34}{100} = 34\,\%$
d) $\frac{1}{4} = \frac{25}{100} = 25\,\%$
e) $\frac{1}{2} = \frac{50}{100} = 50\,\%$
f) $\frac{3}{20} = \frac{15}{100} = 15\,\%$

Übung 3 (Seite 15)

a) $36\,\% = \frac{36}{100} = \frac{9}{25}$
b) $48\,\% = \frac{48}{100} = \frac{12}{25}$
c) $39\,\% = \frac{39}{100}$
d) $84\,\% = \frac{84}{100} = \frac{21}{25}$
e) $20\,\% = \frac{20}{100} = \frac{1}{5}$
f) $85\,\% = \frac{85}{100} = \frac{17}{20}$

1.5 Größenvergleich zwischen Brüchen

Übung 1 (Seite 16)

a) $\frac{3}{4} = \frac{45}{60}$ und $\frac{11}{15} = \frac{44}{60}$, also ist $\frac{3}{4} > \frac{11}{15}$
b) $\frac{7}{11} = \frac{21}{33}$ und $\frac{2}{3} = \frac{22}{33}$, also ist $\frac{7}{11} < \frac{2}{3}$
c) $\frac{13}{18} = \frac{26}{36}$ und $\frac{3}{4} = \frac{27}{36}$, also ist $\frac{13}{18} < \frac{3}{4}$
d) $\frac{17}{20} = \frac{85}{100}$ und $\frac{43}{50} = \frac{86}{100}$, also ist $\frac{17}{20} < \frac{43}{50}$
e) $\frac{14}{25} = \frac{42}{75}$ und $\frac{8}{15} = \frac{40}{75}$, also ist $\frac{14}{25} > \frac{8}{15}$
f) $\frac{5}{8} = \frac{25}{40}$ und $\frac{13}{20} = \frac{26}{40}$, also ist $\frac{5}{8} < \frac{13}{20}$
g) $\frac{5}{18} = \frac{50}{180}$ und $\frac{7}{20} = \frac{63}{180}$, also ist $\frac{5}{18} < \frac{7}{20}$
h) $\frac{12}{23} = \frac{60}{115}$ und $\frac{3}{5} = \frac{69}{115}$, also ist $\frac{12}{23} < \frac{3}{5}$
i) $\frac{12}{19} = \frac{84}{133}$ und $\frac{4}{7} = \frac{76}{133}$, also ist $\frac{12}{19} > \frac{4}{7}$

Abschlusstest

Aufgabe 1 (Seite 17)

Aufgabe 2 (Seite 17)

$\frac{13}{20}$

Aufgabe 3 (Seite 17)

16 km : 8 = 2 km 2 km · 5 = 10 km

Aufgabe 4 (Seite 17)

a) $\frac{7 \cdot 6}{9 \cdot 6} = \frac{42}{54}$ b) $\frac{12 \cdot 4}{17 \cdot 4} = \frac{48}{68}$ c) $\frac{4 \cdot 8}{125 \cdot 8} = \frac{32}{1000}$

Aufgabe 5 (Seite 17)

a) $\frac{12:4}{16:4} = \frac{3}{4}$ b) $\frac{25:25}{125:25} = \frac{1}{5}$ c) $\frac{24:12}{60:12} = \frac{2}{5}$

Aufgabe 6 (Seite 18)

a) $\frac{3 \cdot 3}{4 \cdot 3} = \frac{9}{12}$ b) $\frac{5 \cdot 7}{12 \cdot 7} = \frac{35}{84}$ c) $\frac{7 \cdot 4}{25 \cdot 4} = \frac{28}{100}$

Aufgabe 7 (Seite 18)

a) $1\frac{7}{8}$ b) $2\frac{4}{7}$ c) $3\frac{1}{13}$ d) $4\frac{3}{14}$

Aufgabe 8 (Seite 18)

a) $\frac{7}{10} = \frac{70}{100} = 70\,\%$ b) $\frac{3}{4} = \frac{75}{100} = 75\,\%$ c) $\frac{3}{5} = \frac{60}{100} = 60\,\%$ d) $\frac{4}{25} = \frac{16}{100} = 16\,\%$

Aufgabe 9 (Seite 18)

a) $\frac{13}{16} = \frac{39}{48}$ und $\frac{17}{24} = \frac{34}{48}$, also ist $\frac{13}{16} > \frac{17}{24}$ b) $\frac{3}{8} = \frac{9}{24}$ und $\frac{5}{12} = \frac{10}{24}$, also ist $\frac{13}{16} < \frac{17}{24}$

c) $\frac{5}{6} = \frac{50}{60}$ und $\frac{18}{20} = \frac{54}{60}$, also ist $\frac{5}{6} < \frac{18}{20}$

2.1 Darstellung in der Stellenwerttafel

Übung 1 (Seite 21)

	T	H	Z	E	1/10	1/100	1/1000	Dezimalzahl
$3\frac{4}{10}$				3	4			3,4
$20\frac{35}{1000}$			2	0	0	3	5	20,035
$1004\frac{104}{1000}$	1	0	0	4	1	0	4	1004,104

Übung 2 (Seite 21)

	T	H	Z	E	1/10	1/100	1/1000	Bruch
2,04				2	0	4		$2\frac{4}{100}$
3,201				3	2	0	1	$3\frac{201}{1000}$
2015,04	2	0	1	5	0	4		$2015\frac{4}{100}$

2.2 Umwandeln von Dezimalzahlen in Brüche und von Brüchen in Dezimalzahlen

Übung 1 (Seite 22)

a) $0{,}25 = \frac{25}{100} = \frac{1}{4}$
b) $0{,}4 = \frac{4}{10} = \frac{2}{5}$
c) $0{,}625 = \frac{625}{1000} = \frac{5}{8}$
d) $0{,}98 = \frac{98}{100} = \frac{49}{50}$
e) $0{,}56 = \frac{56}{100} = \frac{14}{25}$
f) $0{,}48 = \frac{48}{100} = \frac{12}{25}$
g) $0{,}13 = \frac{13}{100}$
h) $0{,}35 = \frac{35}{100} = \frac{7}{20}$
i) $0{,}45 = \frac{45}{100} = \frac{9}{20}$
j) $0{,}92 = \frac{92}{100} = \frac{23}{25}$
k) $0{,}38 = \frac{38}{100} = \frac{19}{50}$
l) $0{,}24 = \frac{24}{100} = \frac{6}{25}$

Übung 2 (Seite 23)

a) $\frac{3}{5} = \frac{6}{10} = 0{,}6$
b) $\frac{7}{8} = \frac{875}{1000} = 0{,}875$
c) $\frac{4}{25} = \frac{16}{100} = 0{,}16$
d) $\frac{27}{400} = \frac{675}{10000} = 0{,}0675$
e) $\frac{3}{4} = \frac{75}{100} = 0{,}75$
f) $\frac{39}{50} = \frac{78}{100} = 0{,}78$
g) $\frac{17}{500} = \frac{34}{1000} = 0{,}034$
h) $\frac{7}{125} = \frac{56}{1000} = 0{,}056$
i) $\frac{13}{250} = \frac{52}{1000} = 0{,}052$
j) $\frac{31}{2000} = \frac{155}{10000} = 0{,}0155$
k) $\frac{31}{50} = \frac{62}{100} = 0{,}62$
l) $\frac{3}{400} = \frac{75}{10000} = 0{,}0075$

Übung 3 (Seite 24)

a) $3\,\frac{1}{4} = 3\,\frac{25}{100} = 3{,}25$
b) $10\,\frac{3}{5} = 10\,\frac{6}{10} = 10{,}6$
c) $14\,\frac{3}{8} = 14\,\frac{375}{1000} = 14{,}375$
d) $24\,\frac{17}{250} = 24\,\frac{68}{1000} = 24{,}068$
e) $4\,\frac{1}{25} = 4\,\frac{4}{100} = 4{,}04$
f) $3\,\frac{37}{125} = 3\,\frac{296}{1000} = 3{,}296$

Übung 4 (Seite 24)

a) $2{,}485 = 2\,\frac{485}{1000} = 2\,\frac{97}{200}$
b) $1{,}005 = 1\,\frac{5}{1000} = 1\,\frac{1}{200}$
c) $12{,}14 = 12\,\frac{14}{100} = 12\,\frac{7}{50}$
d) $11{,}001 = 11\,\frac{1}{1000}$
e) $2{,}041 = 2\,\frac{41}{1000}$
f) $7{,}0005 = 7\,\frac{5}{10000} = 7\,\frac{1}{2000}$

2.3 Runden von Dezimalzahlen

Übung 1 (Seite 26)

a) 2,41
b) 2,03
c) 12,56
d) 1001,44
e) 24,13
f) 23,19
g) 12,42
h) 0,01
i) 3,20
j) 0,05
k) 124,15
l) 23,01

Übung 2 (Seite 26)

a) 0,005
b) 15,005
c) 4,001
d) 0,405
e) 2,139
f) 214,124
g) 0,001
h) 1,050
i) 2,154
j) 0,104
k) 0,010
l) 5,406

Abschlusstest

Aufgabe 1 (Seite 27)

	T	H	Z	E	1/10	1/100	1/1000	Bruch
0,035						3	5	$\frac{35}{1000}$
4,75				4	7	5		$4\frac{75}{100}$
304,125		3	0	4	1	2	5	$304\frac{125}{1000}$

Aufgabe 2 (Seite 27)

	T	H	Z	E	1/10	1/100	1/1000	Dezimalzahl
$2\frac{12}{100}$				2	1	2		2,12
$103\frac{176}{1000}$		1	0	3	1	7	6	103,176
$3102\frac{7}{1000}$	3	1	0	2	0	0	7	3102,007

Aufgabe 3 (Seite 27)

a) $0{,}24 = \frac{24}{100} = \frac{6}{25}$

b) $2{,}45 = 2\frac{45}{100} = 2\frac{9}{20}$

c) $0{,}625 = \frac{625}{1000} = \frac{5}{8}$

d) $4{,}215 = 4\frac{215}{1000} = 4\frac{43}{200}$

Aufgabe 4 (Seite 28)

a) $\frac{2}{25} = \frac{8}{100} = 0{,}08$

b) $\frac{37}{40} = \frac{925}{1000} = 0{,}925$

c) $\frac{375}{2000} = \frac{1875}{10000} = 0{,}1875$

d) $15\frac{3}{8} = 15\frac{375}{1000} = 15{,}375$

Aufgabe 5 (Seite 28)

a) $4{,}2056 \approx 4{,}21$

b) $20{,}4543 \approx 20{,}45$

c) $12{,}11601 \approx 12{,}12$

d) $13{,}009 \approx 13{,}01$

3.1 Addition und Subtraktion von Brüchen

Übung 1 (Seite 31)

a) $\frac{2}{13} + \frac{8}{13} = \frac{10}{13}$

b) $\frac{5}{26} + \frac{17}{26} = \frac{22}{26} = \frac{11}{13}$

c) $\frac{35}{124} + \frac{57}{124} = \frac{92}{124} = \frac{23}{31}$

d) $\frac{7}{12} + \frac{1}{12} = \frac{8}{12} = \frac{2}{3}$

e) $\frac{5}{37} + \frac{21}{37} = \frac{26}{37}$

f) $\frac{3}{101} + \frac{97}{101} = \frac{100}{101}$

g) $\frac{4}{21} + \frac{17}{21} = \frac{21}{21} = 1$

h) $\frac{6}{37} + \frac{13}{37} = \frac{19}{37}$

i) $\frac{65}{117} + \frac{37}{117} = \frac{102}{117} = \frac{34}{39}$

j) $\frac{7}{25} + \frac{17}{25} = \frac{24}{25}$

Übung 2 (Seite 31)

a) $\frac{3}{4} + \frac{1}{5} = \frac{15}{20} + \frac{4}{20} = \frac{19}{20}$
b) $\frac{4}{7} + \frac{3}{8} = \frac{32}{56} + \frac{21}{56} = \frac{53}{56}$
c) $\frac{1}{6} + \frac{7}{11} = \frac{11}{66} + \frac{42}{66} = \frac{53}{66}$

d) $\frac{7}{9} + \frac{9}{10} = \frac{70}{90} + \frac{81}{90} = \frac{151}{90} = 1\,\frac{61}{90}$
e) $\frac{1}{3} + \frac{5}{8} = \frac{8}{24} + \frac{15}{24} = \frac{23}{24}$
f) $\frac{2}{9} + \frac{7}{11} = \frac{22}{99} + \frac{63}{99} = \frac{85}{99}$

g) $\frac{5}{6} + \frac{2}{7} = \frac{35}{42} + \frac{12}{42} = \frac{47}{42} = 1\,\frac{5}{42}$
h) $\frac{2}{13} + \frac{1}{3} = \frac{6}{39} + \frac{13}{39} = \frac{19}{39}$
i) $\frac{4}{9} + \frac{3}{4} = \frac{16}{36} + \frac{27}{36} = \frac{43}{36} = 1\,\frac{7}{36}$

j) $\frac{6}{11} + \frac{3}{4} = \frac{24}{44} + \frac{33}{44} = \frac{57}{44} = 1\,\frac{13}{44}$

Übung 3 (Seite 32)

a) $1\,\frac{3}{5} + 2\,\frac{1}{2} = \frac{8}{5} + \frac{5}{2} = \frac{16}{10} + \frac{25}{10} = \frac{41}{10} = 4\,\frac{1}{10}$; b) $5\,\frac{3}{7} + 2\,\frac{8}{9} = \frac{38}{7} + \frac{26}{9} = \frac{342}{63} + \frac{182}{63} = \frac{524}{63} = 8\,\frac{20}{63}$

c) $3\,\frac{5}{9} + 5\,\frac{5}{6} = \frac{32}{9} + \frac{35}{6} = \frac{64}{18} + \frac{105}{18} = \frac{169}{18} = 9\,\frac{7}{18}$; d) $2\,\frac{1}{6} + 4\,\frac{1}{7} = \frac{13}{6} + \frac{29}{7} = \frac{91}{42} + \frac{174}{42} = \frac{265}{42} = 6\,\frac{13}{42}$

e) $4\,\frac{1}{8} + 1\,\frac{1}{3} = \frac{33}{8} + \frac{4}{3} = \frac{99}{24} + \frac{32}{24} = \frac{131}{24} = 5\,\frac{11}{24}$; f) $2\,\frac{3}{7} + 1\,\frac{5}{8} = \frac{17}{7} + \frac{13}{8} = \frac{136}{56} + \frac{91}{56} = \frac{227}{56} = 4\,\frac{3}{56}$

g) $2\,\frac{4}{5} + 3\,\frac{1}{8} = \frac{14}{5} + \frac{25}{8} = \frac{112}{40} + \frac{125}{40} = \frac{237}{40} = 5\,\frac{37}{40}$; h) $4\,\frac{1}{12} + 2\,\frac{7}{8} = \frac{49}{12} + \frac{23}{8} = \frac{98}{24} + \frac{69}{24} = \frac{167}{24} = 6\,\frac{23}{24}$

i) $3\,\frac{4}{13} + 1\,\frac{1}{2} = \frac{43}{13} + \frac{3}{2} = \frac{86}{26} + \frac{39}{26} = \frac{125}{26} = 4\,\frac{21}{26}$; j) $5\,\frac{3}{8} + 5\,\frac{1}{10} = \frac{43}{8} + \frac{51}{10} = \frac{215}{40} + \frac{204}{40} = \frac{419}{40} = 10\,\frac{19}{40}$

Übung 4 (Seite 33)

a) $\frac{3}{7} - \frac{5}{12} = \frac{36}{84} - \frac{35}{84} = \frac{1}{84}$
b) $4\,\frac{1}{5} - 3\,\frac{8}{9} = \frac{21}{5} - \frac{35}{9} = \frac{189}{45} - \frac{175}{45} = \frac{14}{45}$

c) $12\,\frac{1}{8} - 5\,\frac{3}{7} = \frac{97}{8} - \frac{38}{7} = \frac{679}{56} - \frac{304}{56} = \frac{375}{56} = 6\,\frac{39}{56}$
d) $9\,\frac{1}{8} - \frac{2}{3} = \frac{73}{8} - \frac{2}{3} = \frac{219}{24} - \frac{16}{24} = \frac{203}{24} = 8\,\frac{11}{24}$

e) $5\,\frac{1}{9} - 3\,\frac{5}{6} = \frac{46}{9} - \frac{23}{6} = \frac{92}{18} - \frac{69}{18} = \frac{23}{18} = 1\,\frac{5}{18}$
f) $6\,\frac{3}{5} - 2\,\frac{7}{8} = \frac{33}{5} - \frac{23}{8} = \frac{264}{40} - \frac{115}{40} = \frac{149}{40} = 3\,\frac{29}{40}$

3.2 Addition und Subtraktion von Dezimalzahlen

Übung 1 (Seite 34)

a)
$$\begin{array}{r} 2{,}210 \\ +\,3{,}564 \\ \hline 5{,}774 \end{array}$$

b)
$$\begin{array}{r} 2{,}00400 \\ +\,1{,}05820 \\ +\,3{,}51554 \\ {\scriptstyle 1} \\ \hline 6{,}57774 \end{array}$$

c)
$$\begin{array}{r} 0{,}004 \\ +\,5{,}100 \\ \hline 5{,}104 \end{array}$$

d)
$$\begin{array}{r} 1{,}050 \\ +\,2{,}014 \\ +\,3{,}456 \\ +\,1{,}873 \\ {\scriptstyle 1\,1\,1} \\ \hline 8{,}393 \end{array}$$

Übung 2 (Seite 35)

a)
$$\begin{array}{r} 2{,}1350 \\ -\,1{,}5843 \\ {\scriptstyle 1\;1\;\;1} \\ \hline 0{,}5507 \end{array}$$

b)
$$\begin{array}{r} 1{,}56843 \\ -\,0{,}99400 \\ {\scriptstyle 1\,1} \\ \hline 0{,}57443 \end{array}$$

c)
$$\begin{array}{r} 12{,}431 \\ -\;\;3{,}543 \\ {\scriptstyle 1\,1\,1\,1} \\ \hline 8{,}888 \end{array}$$

d)
$$\begin{array}{r} 2{,}5840 \\ -\,1{,}1526 \\ -\,0{,}8954 \\ -\,0{,}2000 \\ {\scriptstyle 1\,1\,1\,1} \\ \hline 0{,}3360 \end{array}$$

3.3 Anwendung der Rechenarten

))) Übung 1 (Seite 37/38)

a)
$$\begin{array}{r} 0{,}658\,\text{kg} \\ +\,0{,}520\,\text{kg} \\ +\,0{,}113\,\text{kg} \\ +\,0{,}900\,\text{kg} \\ {\scriptstyle 2\ \ 1\quad\ \ } \\ \hline 2{,}191\,\text{kg} \end{array}$$

Es sind insgesamt 2,191 kg Mehl in den Tüten.

b)
$$\begin{array}{r} 24{,}3\,\text{kg} \\ +\,32{,}4\,\text{kg} \\ +\,72{,}1\,\text{kg} \\ +\,85{,}8\,\text{kg} \\ {\scriptstyle 1\,1\quad\ \ } \\ \hline 214{,}6\,\text{kg} \end{array}$$

Die Familie wiegt insgesamt 214,6 kg.

c) $9 + 12\,\frac{1}{4} + 39\,\frac{1}{4} + 39\,\frac{1}{2} = \frac{9}{1} + \frac{49}{4} + \frac{157}{4} + \frac{79}{2} = \frac{36}{4} + \frac{49}{4} + \frac{157}{4} + \frac{158}{4} = \frac{400}{4} = 100$

Sie sind insgesamt 100 Jahre alt.

d) $1{,}2 + 0{,}75 + 3{,}125 = 5{,}075$ kg Insgesamt wurde 5,075 kg Hackfleisch verkauft.

e) $3\,\frac{1}{4} + 1\,\frac{1}{2} + 2\,\frac{1}{5} + 4 = \frac{13}{4} + \frac{3}{2} + \frac{11}{5} + \frac{4}{1} = \frac{65}{20} + \frac{30}{20} + \frac{44}{20} + \frac{80}{20} = \frac{219}{20} = 10\,\frac{19}{20}$

Sie sind insgesamt $10\,\frac{19}{20}$ Stunden unterwegs.

f) $2\,\frac{1}{5} + 3\,\frac{1}{4} + 4\,\frac{1}{2} = \frac{11}{5} + \frac{13}{4} + \frac{9}{2} = \frac{44}{20} + \frac{65}{20} + \frac{90}{20} = \frac{199}{20} = 9\,\frac{19}{20}$ Sie benötigen $9\,\frac{19}{20}$ Tonnen Kies.

g) $2 + 2\,\frac{1}{4} + 2\,\frac{1}{4} + 2\,\frac{1}{3} + 2\,\frac{1}{2} = \frac{2}{1} + \frac{9}{4} + \frac{9}{4} + \frac{7}{3} + \frac{5}{2} = \frac{24}{12} + \frac{27}{12} + \frac{27}{12} + \frac{28}{12} + \frac{30}{12} = \frac{136}{12} = 11\frac{4}{12} = 11\,\frac{1}{3}$

Alle Filme hintereinander ergeben $11\,\frac{1}{3}$ Stunden Spielzeit.

Abschlusstest

))) Aufgabe 1 (Seite 39)

a) $\frac{2}{3} + \frac{4}{5} = \frac{10}{15} + \frac{12}{15} = \frac{22}{15} = 1\,\frac{7}{15}$

b) $\frac{2}{5} + \frac{5}{8} = \frac{16}{40} + \frac{25}{40} = \frac{41}{40} = 1\,\frac{1}{40}$

c) $2\,\frac{1}{3} + 1\,\frac{4}{5} = \frac{7}{3} + \frac{9}{5} = \frac{35}{15} + \frac{27}{15} = \frac{62}{15} = 4\,\frac{2}{15}$

d) $3\,\frac{4}{5} + 7\,\frac{1}{8} = \frac{19}{5} + \frac{57}{8} = \frac{152}{40} + \frac{285}{40} = \frac{437}{40} = 10\,\frac{37}{40}$

))) Aufgabe 2 (Seite 39)

a) $4\,\frac{3}{5} - 2\,\frac{7}{9} = \frac{23}{5} - \frac{25}{9} = \frac{207}{45} - \frac{125}{45} = \frac{82}{45} = 1\,\frac{37}{45}$

b) $5\,\frac{1}{8} - 1\,\frac{5}{6} = \frac{41}{8} - \frac{11}{6} = \frac{123}{24} - \frac{44}{24} = \frac{79}{24} = 3\,\frac{7}{24}$

c) $6\,\frac{3}{7} - 2\,\frac{1}{3} = \frac{45}{7} - \frac{7}{3} = \frac{135}{21} - \frac{49}{21} = \frac{86}{21} = 4\,\frac{2}{21}$

))) Aufgabe 3 (Seite 39)

a)
$$\begin{array}{r} 2{,}135 \\ +\,1{,}040 \\ \hline 3{,}175 \end{array}$$

b)
$$\begin{array}{r} 3{,}156 \\ +\,0{,}040 \\ +\,2{,}516 \\ {\scriptstyle 1\,1\ \ } \\ \hline 5{,}712 \end{array}$$

c)
$$\begin{array}{r} 0{,}900 \\ +\,0{,}154 \\ +\,2{,}801 \\ {\scriptstyle 1\qquad} \\ \hline 3{,}855 \end{array}$$

d)
$$\begin{array}{r} 1{,}1250 \\ +\,0{,}0043 \\ +\,5{,}8000 \\ +\,1{,}6500 \\ {\scriptstyle 1\qquad} \\ \hline 8{,}5793 \end{array}$$

))) Aufgabe 4 (Seite 39)

a)
$$\begin{array}{r} 3{,}6540 \\ -\,1{,}9814 \\ {\scriptstyle 1\,1\ \ 1\ \ } \\ \hline 1{,}6726 \end{array}$$

b)
$$\begin{array}{r} 5{,}432 \\ -\,1{,}010 \\ -\,2{,}005 \\ {\scriptstyle 1\ \ } \\ \hline 2{,}417 \end{array}$$

c)
$$\begin{array}{r} 5{,}00 \\ -\,2{,}32 \\ -\,0{,}40 \\ {\scriptstyle 1\,1\ } \\ \hline 2{,}28 \end{array}$$

d)
$$\begin{array}{r} 11{,}458 \\ -\ \ 6{,}400 \\ -\ \ 3{,}002 \\ -\ \ 1{,}040 \\ {\scriptstyle 1\qquad} \\ \hline 1{,}016 \end{array}$$

Aufgabe 5 (Seite 40)

$\frac{1}{6} + \frac{4}{9} + \frac{3}{5} = \frac{15}{90} + \frac{40}{90} + \frac{54}{90} = \frac{109}{90} = 1\,\frac{19}{90}$

kgV (6,9,5) = 90

Luis hat recht, da mehr als eine Torte übrig ist.

Aufgabe 6 (Seite 40)

$$\begin{array}{r} 5{,}40 \\ -\,1{,}05 \\ -\,3{,}10 \\ -\,0{,}80 \\ {\scriptstyle 1\;1\;\;} \\ \hline 0{,}45 \end{array}$$

Der Rest ist 0,45 m lang.

4.1 Multiplikation von Brüchen

Übung 1 (Seite 42)

a) $\frac{4}{5} \cdot \frac{3}{7} = \frac{4 \cdot 3}{5 \cdot 7} = \frac{12}{35}$

b) $\frac{5}{6} \cdot \frac{27}{40} = \frac{5 \cdot 27}{6 \cdot 40} = \frac{1 \cdot 9}{2 \cdot 8} = \frac{9}{16}$

c) $\frac{4}{15} \cdot \frac{9}{16} = \frac{4 \cdot 9}{15 \cdot 16} = \frac{1 \cdot 3}{5 \cdot 4} = \frac{3}{20}$

d) $\frac{6}{25} \cdot \frac{35}{72} = \frac{6 \cdot 35}{25 \cdot 72} = \frac{1 \cdot 7}{5 \cdot 12} = \frac{7}{60}$

e) $\frac{4}{3} \cdot \frac{5}{6} = \frac{4 \cdot 5}{3 \cdot 6} = \frac{2 \cdot 5}{3 \cdot 3} = \frac{10}{9} = 1\,\frac{1}{9}$

f) $\frac{7}{12} \cdot \frac{8}{21} = \frac{7 \cdot 8}{12 \cdot 21} = \frac{1 \cdot 2}{3 \cdot 3} = \frac{2}{9}$

Übung 2 (Seite 43)

a) $3\,\frac{1}{4} \cdot 2\,\frac{2}{7} = \frac{13 \cdot 16}{4 \cdot 7} = \frac{13 \cdot 4}{1 \cdot 7} = \frac{52}{7} = 7\,\frac{3}{7}$

b) $5\,\frac{5}{12} \cdot 2\,\frac{2}{15} = \frac{65 \cdot 32}{12 \cdot 15} = \frac{13 \cdot 8}{3 \cdot 3} = \frac{104}{9} = 11\,\frac{5}{9}$

c) $2\,\frac{7}{9} \cdot 5\,\frac{11}{14} = \frac{25 \cdot 81}{9 \cdot 14} = \frac{25 \cdot 9}{1 \cdot 14} = \frac{225}{14} = 16\,\frac{1}{14}$

d) $4 \cdot 3\,\frac{2}{7} = \frac{4 \cdot 23}{1 \cdot 7} = \frac{92}{7} = 13\,\frac{1}{7}$

e) $5\,\frac{1}{8} \cdot 7\,\frac{5}{6} = \frac{41 \cdot 47}{8 \cdot 6} = \frac{1927}{48} = 40\,\frac{7}{48}$

f) $1\,\frac{1}{3} \cdot 4\,\frac{1}{5} = \frac{4 \cdot 21}{3 \cdot 5} = \frac{4 \cdot 7}{1 \cdot 5} = \frac{28}{5} = 5\,\frac{3}{5}$

4.2 Division von Brüchen

Übung 1 (Seite 44)

a) $\frac{4}{7} : \frac{5}{8} = \frac{4}{7} \cdot \frac{8}{5} = \frac{32}{35}$

b) $\frac{3}{8} : \frac{9}{12} = \frac{3}{8} \cdot \frac{12}{9} = \frac{3 \cdot 12}{8 \cdot 9} = \frac{1 \cdot 3}{2 \cdot 3} = \frac{1 \cdot 1}{2 \cdot 1} = \frac{1}{2}$

c) $\frac{5}{7} : \frac{15}{21} = \frac{5}{7} \cdot \frac{21}{15} = \frac{1 \cdot 3}{1 \cdot 3} = \frac{3}{3} = 1$

d) $\frac{2}{9} : \frac{10}{27} = \frac{2}{9} \cdot \frac{27}{10} = \frac{1 \cdot 3}{1 \cdot 5} = \frac{3}{5}$

e) $\frac{6}{11} : \frac{9}{17} = \frac{6}{11} \cdot \frac{17}{9} = \frac{34}{33} = 1\,\frac{1}{33}$

f) $\frac{18}{37} : \frac{27}{74} = \frac{18}{37} \cdot \frac{74}{27} = \frac{4}{3} = 1\,\frac{1}{3}$

g) $\frac{10}{39} : \frac{45}{52} = \frac{10}{39} \cdot \frac{52}{45} = \frac{8}{27}$

h) $\frac{5}{8} : \frac{25}{96} = \frac{5}{8} \cdot \frac{96}{25} = \frac{12}{5} = 2\,\frac{2}{5}$

i) $\frac{2}{47} : \frac{8}{141} = \frac{2}{47} \cdot \frac{141}{8} = \frac{3}{4}$

j) $\frac{1}{3} : \frac{5}{9} = \frac{1}{3} \cdot \frac{9}{5} = \frac{3}{5}$

k) $\frac{17}{200} : \frac{68}{400} = \frac{17}{200} \cdot \frac{400}{68} = \frac{1}{2}$

l) $\frac{15}{53} : \frac{45}{159} = \frac{15}{53} \cdot \frac{159}{45} = 1$

Übung 2 (Seite 45)

a) $2\,\frac{1}{5} : 1\,\frac{3}{4} = \frac{11}{5} : \frac{7}{4} = \frac{11}{5} \cdot \frac{4}{7} = \frac{44}{35} = 1\frac{9}{35}$

b) $4\,\frac{1}{8} : 11 = \frac{33}{8} : \frac{11}{1} = \frac{33}{8} \cdot \frac{1}{11} = \frac{3 \cdot 1}{8 \cdot 1} = \frac{3}{8}$

c) $3\,\frac{2}{5} : 4\,\frac{1}{4} = \frac{17}{5} : \frac{17}{4} = \frac{17}{5} \cdot \frac{4}{17} = \frac{1 \cdot 4}{5 \cdot 1} = \frac{4}{5}$

d) $5\,\frac{3}{4} : 7\,\frac{1}{5} = \frac{23}{4} : \frac{36}{5} = \frac{23}{4} \cdot \frac{5}{36} = \frac{115}{144}$

4.3 Multiplikation von Dezimalzahlen

››› Übung 1 (Seite 46)

a) $2{,}45 \cdot 3{,}121$

```
 735
  245
   490
    245
7,64645
```

b) $4{,}6 \cdot 1{,}04$

```
46
 00
  184
4,784
```

c) $5{,}128 \cdot 2{,}004$

```
10256
  0000
   0000
    20512
10,276512
```

d) $5{,}01 \cdot 3{,}6$

```
1503
  3006
18,036
```

4.4 Division von Dezimalzahlen

››› Übung 1 (Seite 47)

a) $12{,}45 : 1{,}5 = 124{,}5 : 15 = 8{,}3$

```
120
  45
  45
   0
```

b) $18{,}72 : 0{,}6 = 187{,}2 : 6 = 31{,}2$

```
18
 07
 06
  12
  12
   0
```

c) $24{,}08 : 0{,}04 = 2408 : 4 = 602$

```
24
 00
 00
  08
  08
   0
```

d) $25{,}004 : 1{,}4 = 250{,}04 : 14 = 17{,}86$

```
14
110
 98
 120
 112
   84
   84
    0
```

4.5 Periodische Dezimalzahlen

››› Übung 1 (Seite 50)

a) $\frac{11}{12}$ $12 = 3 \cdot 2 \cdot 2$, also periodisch

$= 11{,}0 : 12 = 0{,}91\overline{6}$

```
00
 110
 108
   20
   12
    80
    72
     80
      …
```

b) $\frac{23}{80}$ $80 = 2 \cdot 2 \cdot 2 \cdot 2 \cdot 5$, also nicht periodisch

$= 23{,}0 : 80 = 0{,}2875$

```
00
230
160
 700
 640
  600
  560
   400
   400
     0
```

Beispiele für den vollständigen Lösungsweg der folgenden Aufgaben siehe a) und b)

c) $4\frac{5}{14} = \frac{61}{14}$ $14 = 2 \cdot 7$, also periodisch

$61:14 = 4{,}3\overline{571428}$

d) $2\frac{7}{18} = \frac{43}{18}$ $18 = 2 \cdot 3 \cdot 3$, also periodisch

$43:18 = 2{,}388\ldots = 2{,}3\overline{8}$

e) $\frac{7}{20}$ $20 = 2 \cdot 2 \cdot 5$, also nicht periodisch

$7:20 = 0{,}35$

f) $15\frac{5}{28}$ $28 = 2 \cdot 2 \cdot 7$, also perodisch

$425:28 = 15{,}17\overline{857142}$

g) $2\frac{18}{25}$ $25 = 5 \cdot 5$, also nicht periodisch

$68:25 = 2{,}72$

h) $3\frac{5}{24}$ $24 = 2 \cdot 2 \cdot 2 \cdot 3$, also periodisch

$77:24 = 3{,}\ 208\overline{3}$

i) $5\frac{17}{160}$ $160 = 2 \cdot 2 \cdot 2 \cdot 2 \cdot 2 \cdot 5$, also nicht periodisch

$817:160 = 5{,}10625$

j) $4\frac{5}{21}$ $21 = 3 \cdot 7$, also periodisch

$89:21 = 4{,}\overline{238095}$

4.6 Verbindung von Punkt- und Strichrechnung bei Brüchen

››› Übung 1 (Seite 51)

a) $2\,\frac{1}{3} \cdot \left(4\,\frac{1}{6} - \frac{3}{5}\right) = \frac{7}{3} \cdot \left(\frac{25}{6} - \frac{3}{5}\right) = \frac{7}{3} \cdot \left(\frac{125}{30} - \frac{18}{30}\right) = \frac{7}{3} \cdot \frac{107}{30} = \frac{749}{90} = 8\,\frac{29}{90}$

b) $3\,\frac{1}{4} - 2\,\frac{1}{5} : 1\,\frac{3}{4} = \frac{13}{4} - \frac{11}{5} : \frac{7}{4} = \frac{13}{4} - \frac{11}{5} \cdot \frac{4}{7} = \frac{13}{4} - \frac{44}{35} = \frac{455}{140} - \frac{176}{140} = \frac{279}{140} = 1\,\frac{139}{140}$

c) $\frac{1}{3} \cdot 12\,\frac{1}{5} - 5\,\frac{1}{4} : 3\,\frac{2}{3} = \frac{1}{3} \cdot \frac{61}{5} - \frac{21}{4} : \frac{11}{3} = \frac{61}{15} - \frac{21}{4} \cdot \frac{3}{11} = \frac{61}{15} - \frac{63}{44} = \frac{2684}{660} - \frac{945}{660} = \frac{1739}{660} = 2\,\frac{419}{660}$

d) $5\,\frac{1}{3} + 2\,\frac{1}{6} \cdot 4 = \frac{16}{3} + \frac{13}{6} \cdot \frac{4}{1} = \frac{16}{3} + \frac{13 \cdot 2}{3 \cdot 1} = \frac{16}{3} + \frac{26}{3} = \frac{42}{3} = 14$

e) $5 - 3\,\frac{1}{3} : 10 = 5 - \frac{10}{3} \cdot \frac{1}{10} = \frac{15}{3} - \frac{1}{3} = \frac{14}{3} = 4\,\frac{2}{3}$

f) $\frac{2}{3} \cdot 10 + \frac{2}{3} : 10 = \frac{2}{3} \cdot \frac{10}{1} + \frac{2}{3} \cdot \frac{1}{10} = \frac{200}{30} + \frac{2}{30} = \frac{202}{30} = 6\,\frac{22}{30} = 6\,\frac{11}{15}$

››› Übung 2 (Seite 52)

a) $4\,\frac{1}{7} : \frac{5}{14} - 0{,}8 = \frac{29}{7} \cdot \frac{14}{5} - \frac{8}{10} = \frac{58}{5} - \frac{4}{5} = \frac{54}{5} = 10\,\frac{4}{5}$

b) $3\,\frac{1}{5} + 2{,}4 : 0{,}25 = \frac{16}{5} + \frac{24}{10} : \frac{25}{100} = \frac{16}{5} + \frac{24 \cdot 100}{10 \cdot 25} = \frac{16}{5} + \frac{48}{5} = \frac{64}{5} = 12\,\frac{4}{5}$

c) $2\,\frac{1}{8} : 3\,\frac{2}{5} + 0{,}45 : 0{,}125 = \frac{17}{8} \cdot \frac{5}{17} + \frac{45}{100} : \frac{125}{1000} = \frac{5}{8} + \frac{45 \cdot 1000}{100 \cdot 125} = \frac{5}{8} + \frac{18}{5} = \frac{25}{40} + \frac{144}{40} = \frac{169}{40} = 4\,\frac{9}{40}$

d) $4{,}7 - 2\,\frac{1}{5} \cdot 2 = \frac{47}{10} - \frac{22}{5} = \frac{47}{10} - \frac{44}{10} = \frac{3}{10}$

e) $6\,\frac{1}{8} + 3{,}2 \cdot 2 = \frac{49}{8} + 6{,}4 = \frac{49}{8} + \frac{64}{10} = \frac{245}{40} + \frac{256}{40} = \frac{501}{40} = 12\,\frac{21}{40}$

f) $1{,}8 + 3\,\frac{1}{2} \cdot 3 = \frac{18}{10} + \frac{21}{2} = \frac{18}{10} + \frac{105}{10} = \frac{123}{10} = 12\,\frac{3}{10}$

Abschlusstest

Aufgabe 1 (Seite 53)

a) $\frac{3}{4} \cdot \frac{4}{7} = \frac{3 \cdot 4}{4 \cdot 7} = \frac{3}{7}$

b) $2\,\frac{1}{3} \cdot \frac{3}{5} = \frac{7 \cdot 3}{3 \cdot 5} = \frac{7}{5} = 1\,\frac{2}{5}$

c) $\frac{2}{9} \cdot \frac{5}{7} = \frac{2 \cdot 5}{9 \cdot 7} = \frac{10}{63}$

d) $\frac{3}{5} \cdot \frac{7}{11} = \frac{3 \cdot 7}{5 \cdot 11} = \frac{21}{55}$

Aufgabe 2 (Seite 53)

a) $4\,\frac{1}{5} \cdot 1\,\frac{3}{8} = \frac{21 \cdot 11}{5 \cdot 8} = \frac{231}{40} = 5\,\frac{31}{40}$

b) $2\,\frac{5}{7} \cdot \frac{3}{100} = \frac{19 \cdot 3}{7 \cdot 100} = \frac{57}{700}$

c) $2\,\frac{1}{8} \cdot 1\,\frac{3}{7} = \frac{17 \cdot 10}{8 \cdot 7} = \frac{17 \cdot 5}{4 \cdot 7} = \frac{85}{28} = 3\,\frac{1}{28}$

d) $12\,\frac{1}{5} \cdot 3\frac{5}{8} = \frac{61 \cdot 29}{5 \cdot 8} = \frac{1769}{40} = 44\,\frac{9}{40}$

Aufgabe 3 (Seite 53)

a) $5{,}423 \cdot 10 = 54{,}23$

b) $2{,}01 \cdot 1000 = 2010$

c) $3{,}041 \cdot 10\,000 = 30\,410$

d) $0{,}05 \cdot 10 = 0{,}5$

Aufgabe 4 (Seite 53)

a)
$$\begin{array}{r} \underline{4{,}12 \cdot 1{,}43} \\ 412 \\ 1648 \\ 1236 \\ \scriptstyle 1 \\ \hline 5{,}8916 \end{array}$$

b)
$$\begin{array}{r} \underline{2{,}15 \cdot 5{,}8} \\ 1075 \\ 1720 \\ \scriptstyle 1 \\ \hline 12{,}470 \end{array}$$

c)
$$\begin{array}{r} \underline{5{,}012 \cdot 1{,}234} \\ 5012 \\ 10024 \\ 15036 \\ 20048 \\ \scriptstyle 1 \\ \hline 6{,}184808 \end{array}$$

d)
$$\begin{array}{r} \underline{2{,}04 \cdot 7{,}5} \\ 1428 \\ 1020 \\ \scriptstyle 1 \\ \hline 15{,}300 \end{array}$$

Aufgabe 5 (Seite 53)

a) $2\,\frac{4}{5} : 3\,\frac{1}{8} = \frac{14}{5} : \frac{25}{8} = \frac{14}{5} \cdot \frac{8}{25} = \frac{112}{125}$

b) $\frac{5}{6} : 2\,\frac{1}{9} = \frac{5}{6} : \frac{19}{9} = \frac{5}{6} \cdot \frac{9}{19} = \frac{5}{2} \cdot \frac{3}{19} = \frac{15}{38}$

c) $3\,\frac{1}{5} : 4\,\frac{7}{9} = \frac{16}{5} : \frac{43}{9} = \frac{16}{5} \cdot \frac{9}{43} = \frac{144}{215}$

d) $3\,\frac{17}{1000} : 2\,\frac{6}{7} = \frac{3017}{1000} : \frac{20}{7} = \frac{3017}{1000} \cdot \frac{7}{20} = \frac{21119}{20000} = 1\,\frac{1119}{20000}$

Aufgabe 6 (Seite 54)

a) $2{,}451 : 10 = 0{,}2451$
b) $1{,}051 : 100 = 0{,}01051$
c) $17{,}482 : 1000 = 0{,}017482$
d) $4{,}1 : 100 = 0{,}041$

Aufgabe 7 (Seite 54)

a) $4{,}6 : 0{,}04 = 460 : 4 = 115$

4
06
04
20
20
0

b) $32 : 0{,}016 = 32000 : 16 = 2000$

32
00
00
00
00
00
00
0

c) $2{,}143 : 0{,}2 = 21{,}43 : 2 = 10{,}715$

2
01
00
14
14
03
02
10
10
0

d) $4 : 0{,}02 = 400 : 2 = 200$

4
00
00
00
00
0

Aufgabe 8 (Seite 54)

a) $\frac{7}{15} = 7 : 15 = 0{,}4\overline{6}$

0
70
60
100
90
100
...

b) $\frac{16}{21} = 16 : 21 = 0{,}\overline{761904}$

00
160
147
130
126
40
21
190
189
10
0
100
84
160
...

c) $\frac{3}{7} = 3 : 7 = 0{,}\overline{428571}$

0
30
28
20
14
60
56
40
35
50
49
10
7
30
...

d) $2\,\frac{5}{12} = \frac{29}{12} = 29 : 12 = 2{,}41\overline{6}$

24
50
48
20
12
80
72
80
...

Aufgabe 9 (Seite 54)

a) $2\frac{1}{5} + \left(3\frac{1}{4} : \frac{13}{16}\right) = 2\frac{1}{5} + 4 = \frac{11}{5} + \frac{20}{5} = \frac{31}{5} = 6\frac{1}{5}$

b) $4\frac{1}{5} \cdot 2\frac{1}{3} + 1\frac{1}{2} = \frac{21}{5} \cdot \frac{7}{3} + \frac{3}{2} = \frac{7}{5} \cdot \frac{7}{1} + \frac{3}{2} = \frac{49}{5} + \frac{3}{2} = \frac{98}{10} + \frac{15}{10} = \frac{113}{10} = 11\frac{3}{10}$

c) $4\frac{1}{5} \cdot \left(2\frac{1}{3} + 1\frac{1}{2}\right) = \frac{21}{5} \cdot \left(\frac{7}{3} + \frac{3}{2}\right) = \frac{21}{5} \cdot \left(\frac{14}{6} + \frac{9}{6}\right) = \frac{21}{5} \cdot \frac{23}{6} = \frac{7}{5} \cdot \frac{23}{2} = \frac{161}{10} = 16\frac{1}{10}$

Aufgabe 10 (Seite 54)

a) $3\frac{1}{5} + 0{,}4 \cdot 2 = \frac{16}{5} + \frac{4}{10} \cdot \frac{2}{1} = \frac{16}{5} + \frac{4}{5} \cdot \frac{1}{1} = \frac{20}{5} = 4$

b) $4{,}4 - 2\frac{1}{4} : \frac{9}{10} = \frac{44}{10} - \frac{9}{4} \cdot \frac{10}{9} = \frac{44}{10} - \frac{1}{2} \cdot \frac{5}{1} = \frac{44}{10} - \frac{25}{10} = \frac{19}{10} = 1\frac{9}{10}$

c) $\left(4{,}4 - 2\frac{1}{4}\right) : \frac{9}{10} = \left(\frac{44}{10} - \frac{9}{4}\right) : \frac{9}{10} = \left(\frac{88}{20} - \frac{45}{20}\right) : \frac{9}{10} = \frac{43}{20} \cdot \frac{10}{9} = \frac{43}{2} \cdot \frac{1}{9} = \frac{43}{18} = 2\frac{7}{18}$

5.1 Verschiedene Winkelarten

Übung 1 (Seite 57)

a) spitzer Winkel
b) rechter Winkel
c) stumpfer Winkel
d) überstumpfer Winkel
e) spitzer Winkel
f) stumpfer Winkel

Übung 2 (Seite 57)

a) 45° b) 65° c) 135°

5.2 Drehung und Verschiebung

Übung 1 (Seite 59)

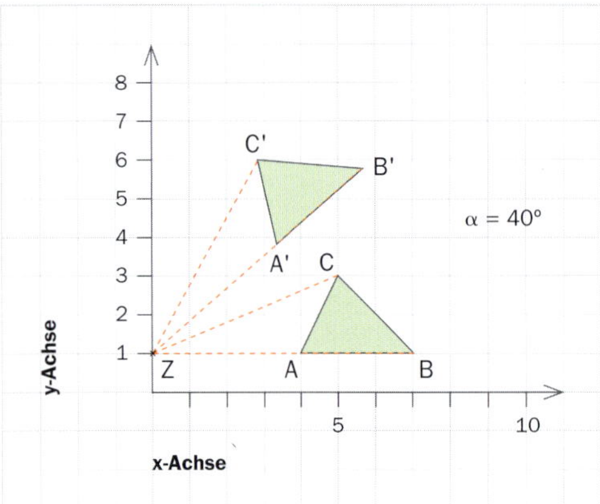

Übung 2 (Seite 59)

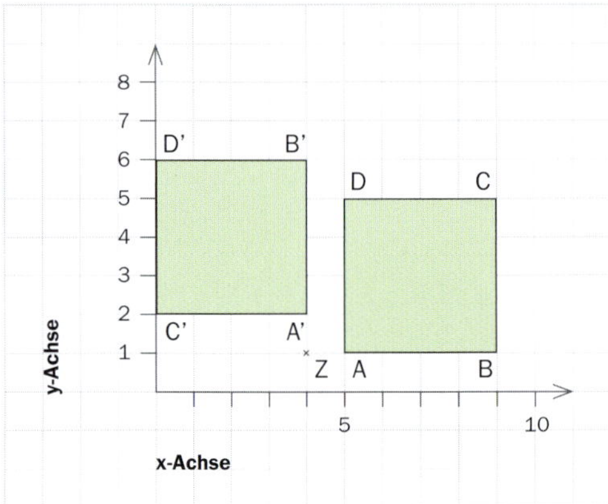

Übung 3 (Seite 60)

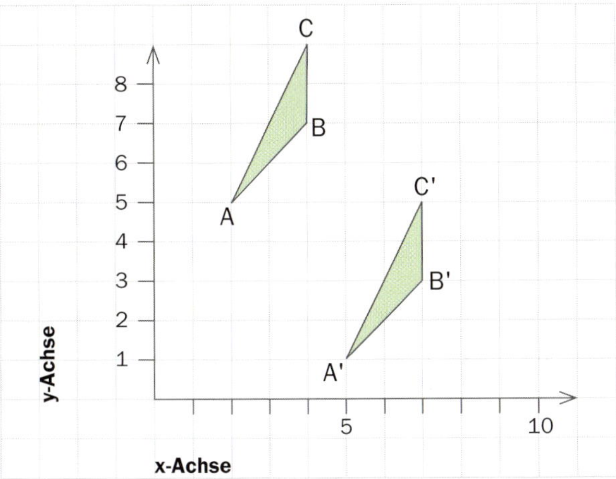

A' (5/1), B' (7/3) und C' (7/5)

Übung 4 (Seite 61)

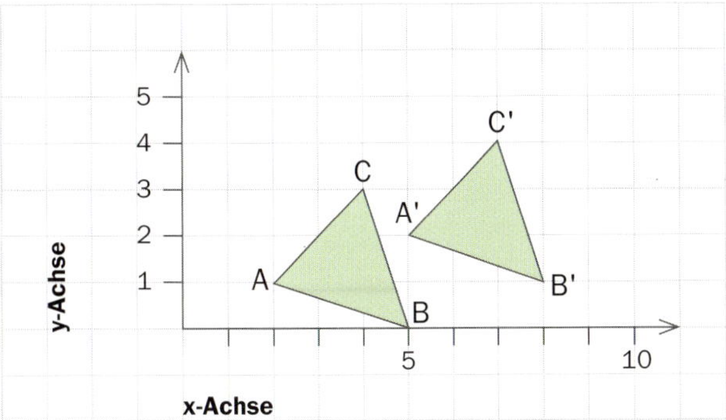

Der Verschiebungsvektor ist (3/1), also 3 nach rechts und 1 nach oben. Daraus ergibt sich, dass A' (5/2) und C' (7/4) ist.

5.3 Spiegelung

Übung 1 (Seite 62)

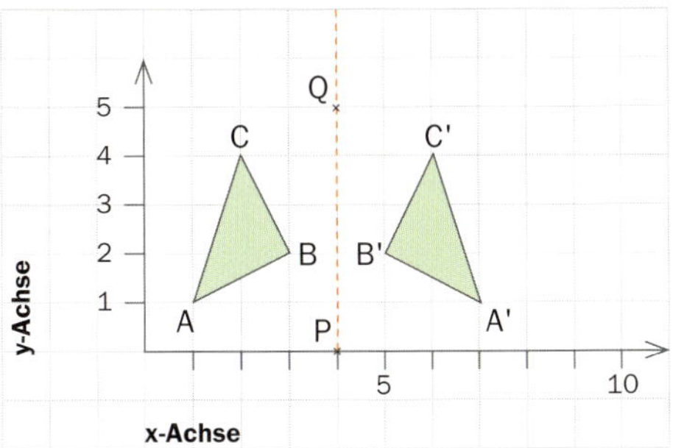

Nach der Spiegelung ergibt sich A' (7/1), B' (5/2) und C' (6/4).

Übung 2 (Seite 63)

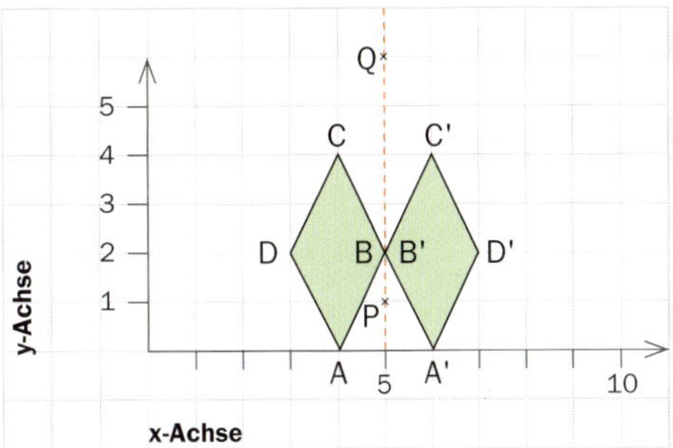

Nach der Spiegelung ergibt sich A' (6/0), B' (5/2), C' (6/4) und D' (7/2).

))) Übung 3 (Seite 63)

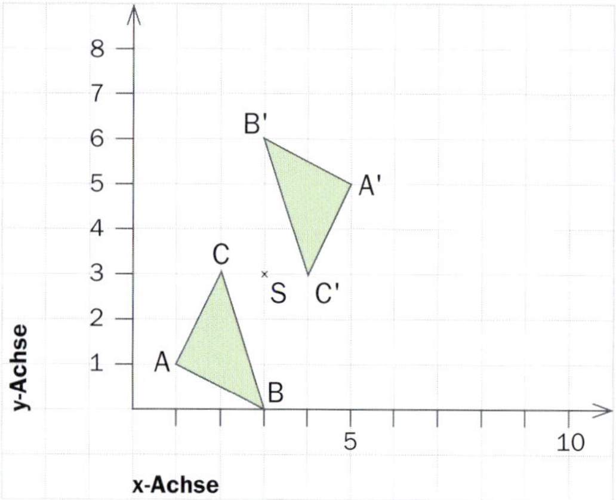

Nach der Spiegelung ist A' (5/5), B' (3/6) und C' (4/3).

))) Übung 4 (Seite 64)

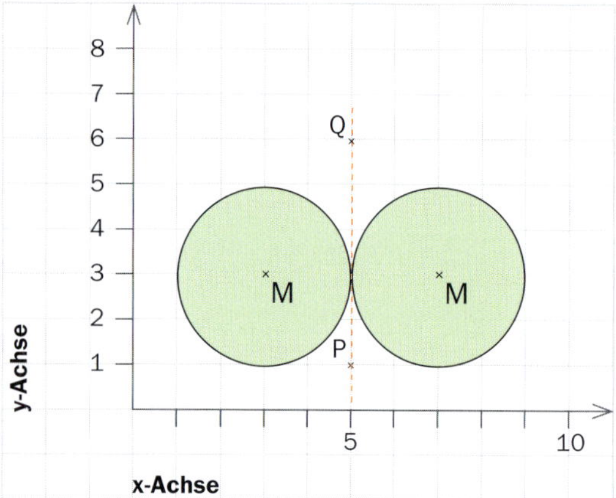

Abschlusstest

))) Aufgabe 1 (Seite 65)

a) spitzer Winkel
b) überstumpfer Winkel
c) rechter Winkel
d) gestreckter Winkel
e) stumpfer Winkel

))) Aufgabe 2 (Seite 65)

a) stumpfer Winkel
b) rechter Winkel
c) überstumpfer Winkel

))) Aufgabe 3 (Seite 65)

a) 56° b) 78° c) 12°

⟫ Aufgabe 4 (Seite 66)

a)

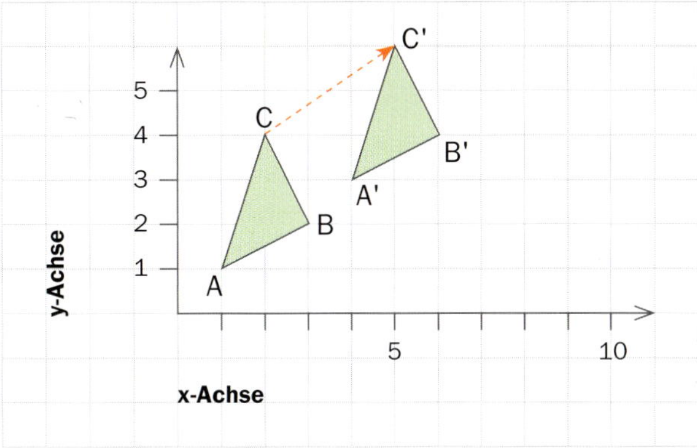

b) A' (4/3), B' (6/4) und C' (5/6)

⟫ Aufgabe 5 (Seite 66)

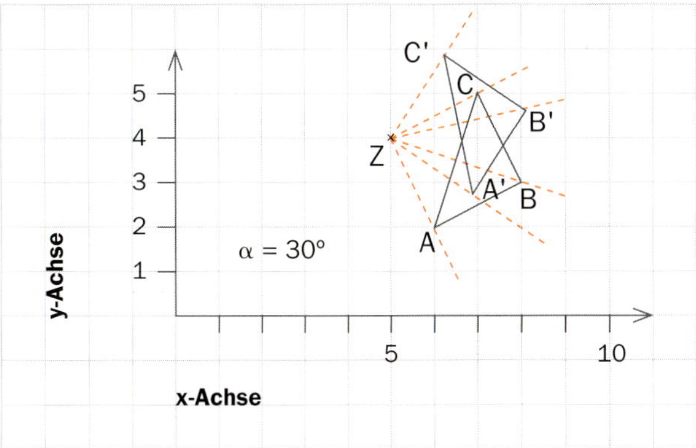

⟫ Aufgabe 6 (Seite 66)

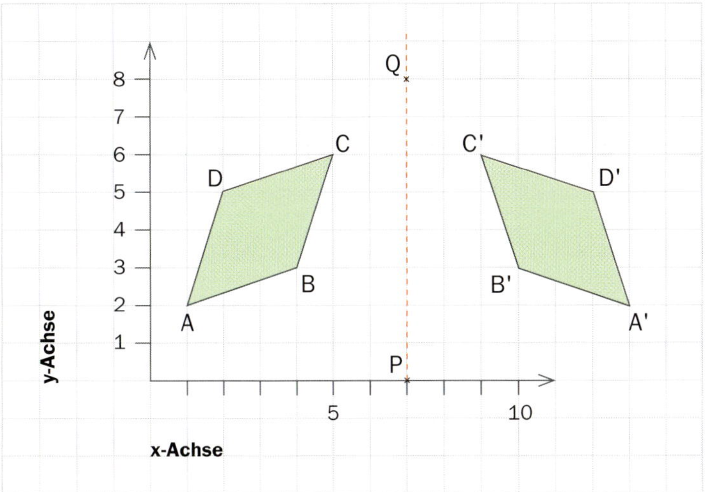

6.1 Zuordnungen

Übung 1 (Seite 68)

Uhrzeit	9	11	13	15	17	19
Kunden	10	12	7	15	23	9

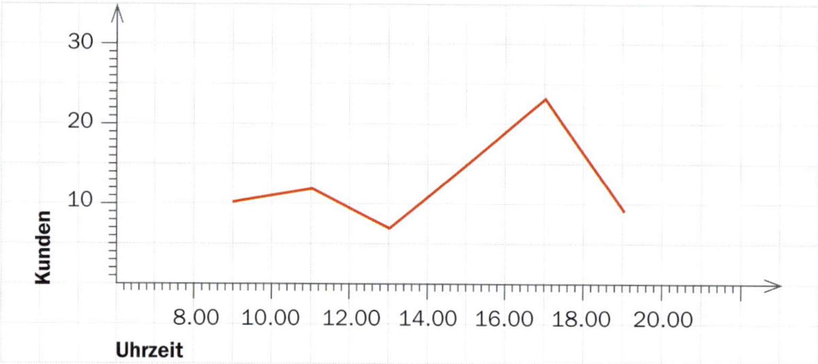

6.2 Proportionale Zuordnungen/Direkte Proportionalität

Übung 1 (Seite 70)

Anzahl	1	2	3	4	5
Preis in €	3,50	7	10,50	14	17,50

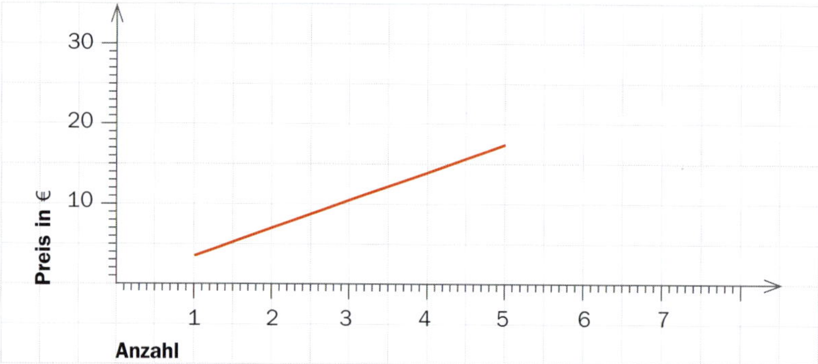

Übung 2 (Seite 71)

a)

Kartoffeln in kg	Preis in €
8	12,00
1	1,50
10	15,00

b)

Menge Benzin in l	Strecke in km
30	270
1	9
45	405

c)

Fläche in m^2	Zeit in Minuten
800	120
1	0,15
1200	180

d)

Anzahl Übernachtungen	Preis in €
7	315
1	45
10	450

e)

Anzahl der Hefte	Preis in €
21	18,90
1	0,90
15	13,50

6.3 Antiproportionale Zuordnungen/Indirekte Proportionalität

⟫ Übung 1 (Seite 73)

Anzahl Pumpen	1	2	3	6	12
Zeit in h	18	9	6	3	1,5

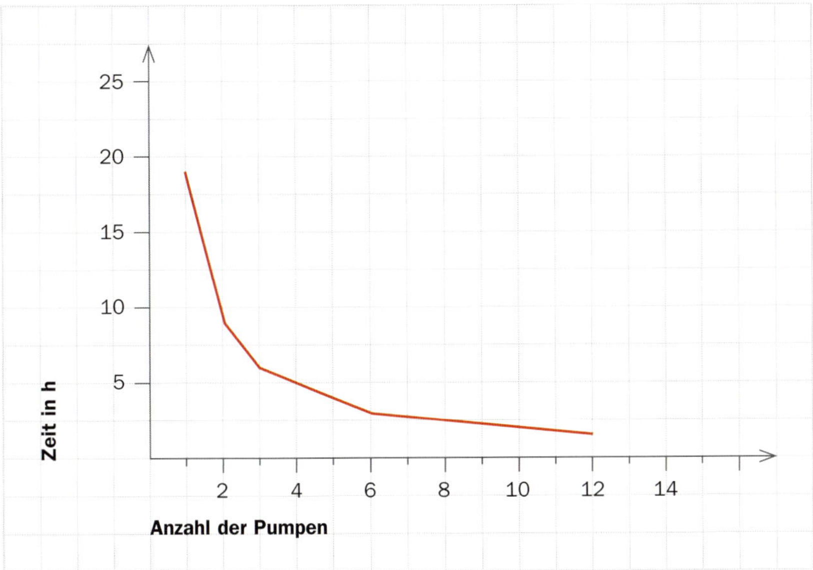

⟫ Übung 2 (Seite 74)

a)

Ausgabe pro Tag in €	Anzahl Tage
3	16
1	48
4	12

b)

Anzahl Maler	Anzahl Stunden
4	200
1	800
10	80

c)

Anzahl der Kinder	Dauer in Tagen
120	80
1	9600
100	96

Abschlusstest

))) Aufgabe 1 (Seite 75)

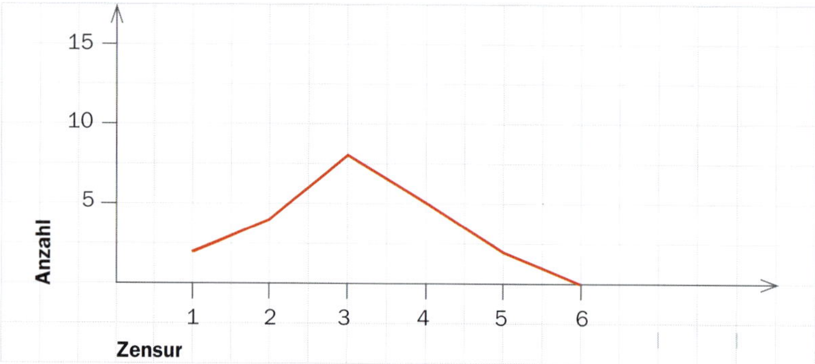

))) Aufgabe 2 (Seite 76)

a) proportionale Zuordnung

Hackfleisch in kg	Preis in €
7	14,70
1	2,10
12	25,20

b) proportionale Zuordnung

Anzahl Karten	Preis in €
6	42
1	7
4	28

c) antiproportionale Zuordnung

Anzahl Kühe	Tage mit Futter
20	14
1	280
28	10

d) antiproportionale Zuordnung

Ausgabe pro Tag	Ausgabedauer
7	10
1	70
5	14

))) Aufgabe 3 (Seite 76)

zu 2 b) $42:6 = 7:1 = 28:4 = 7$
zu 2 d) $7 \cdot 10 = 1 \cdot 70 = 5 \cdot 14 = 70$

7.1 Zufall und Häufigkeiten

››› Übung 1 (Seite 78)

Man kann hier nur Prognosen abgeben.
a) Prognose: 50-mal kommt die Eins (300 : 6 = 50).
b) Prognose: 200-mal kommt Zahl (400 : 2 = 200).
c) Prognose: Insgesamt wurde 90-mal gewürfelt (15 · 6 = 90).

››› Übung 2 (Seite 79)

	Absolute Häufigkeit	Relative Häufigkeit
a)	35	$\frac{35}{200} = \frac{7}{40}$
b)	13	$\frac{13}{34}$
c)	9	$\frac{9}{14}$
d)	15	$\frac{15}{26}$

7.2 Wahrscheinlichkeiten

››› Übung 1 (Seite 81)

a) E = {5,6} $P(E) = \frac{2}{6} = \frac{1}{3}$

b) E = {3,6} $P(E) = \frac{2}{6} = \frac{1}{3}$

c) E = {1,2,3,4} $P(E) = \frac{1}{20} + \frac{1}{20} + \frac{1}{20} + \frac{1}{20} = \frac{4}{20} = \frac{1}{5}$

d) E = {6,12,18} $P(E) = \frac{3}{20}$

››› Übung 2 (Seite 81)

a) E = {7,14,21,28,35} $P(E) = \frac{5}{37}$

b) $P(E) = \frac{19}{37}$ (18 schwarze Zahlen und 1 grüne Zahl)

c) E = {1,2,3,4,6,12} $P(E) = \frac{6}{37}$

d) $P(E) = \frac{36}{37}$ (alle Zahlen außer 5)

7.3 Ereignis und Gegenereignis

››› Übung 1 (Seite 82)

a) $\overline{E}$ = {1,2} $P(\overline{E}) = \frac{2}{10} = \frac{1}{5}$ $P(E) = 1 - \frac{1}{5} = \frac{4}{5}$

b) $\overline{E}$ = {10} $P(E) = \frac{1}{10}$ $P(E) = 1 - \frac{1}{10} = \frac{9}{10}$

c) $\overline{E}$ = {6} $P(\overline{E}) = \frac{1}{10}$ $P(E) = 1 - \frac{1}{10} = \frac{9}{10}$

⟫ Übung 2 (Seite 83)

a) $\overline{E}$: Die gezogene Zahl ist nicht 17. $P(E) = \frac{1}{49}$ $P(\overline{E}) = \frac{48}{49}$

b) $\overline{E}$: Die gezogene Zahl ist höchstens 10. $P(E) = \frac{39}{49}$ $P(\overline{E}) = \frac{10}{49}$

c) $\overline{E}$: Die gezogene Zahl ist mindestens 44. $P(E) = \frac{43}{49}$ $P(\overline{E}) = \frac{6}{49}$

d) $\overline{E}$: Die gezogene Zahl ist 1. $P(E) = \frac{48}{49}$ $P(\overline{E}) = \frac{1}{49}$

⟫ Übung 3 (Seite 83)

a) $\overline{E}$: Im Raum sind mindestens 6 Mädchen.
b) $\overline{E}$: Die ausgewählte Person ist höchstens 29 Jahre alt.
c) $\overline{E}$: Das nächste vorbeifahrende Auto ist kein Golf.
d) $\overline{E}$: Tom hat höchstens 6 Personen zum Geburtstag eingeladen.

7.4 Laplace-Experimente

⟫ Übung 1 (Seite 84)

a) Ja, da alle möglichen Ergebnisse die gleiche Wahrscheinlichkeit haben.

b) $P(E) = \frac{4}{12} = \frac{1}{3}$

⟫ Übung 2 (Seite 85)

Insgesamt sind es 82 Kaninchen.

$P(\text{Männchen}) = \frac{35}{82}$

⟫ Übung 3 (Seite 85)

Es sind 30 Schüler in der Klasse.
E: Der ausgewählte Schüler hat in den ersten drei Monaten Geburtstag.

$P(E) = \frac{8}{30} = \frac{4}{15}$

Abschlusstest

⟫ Aufgabe 1 (Seite 86)

a) E = {1,2,3,4,5,6} b) E = {Kopf, Zahl}

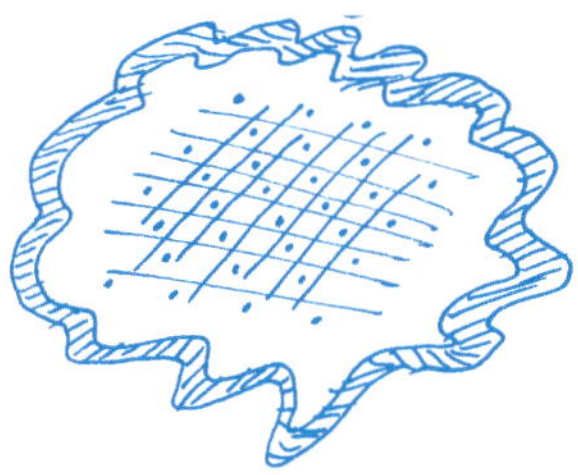

Aufgabe 2 (Seite 86)

a) $\overline{E}$ = Augenzahl ≤ 3 $P(\overline{E}) = \frac{3}{6} = \frac{1}{2}$

b) $\overline{E}$ = gerade Augenzahl $P(\overline{E}) = \frac{3}{6} = \frac{1}{2}$

a) $\overline{E}$ = rote Zahl $P(\overline{E}) = \frac{18}{37}$

Aufgabe 3 (Seite 86)

a) $E = \{3,4,5,6\}$ $P(E) = \frac{4}{6} = \frac{2}{3}$

b) $E = \{1,2,3,4,5,6,7,8,9,10,11,12,13,14\}$ $P(E) = \frac{14}{20} = \frac{7}{10}$

c) $E = \{5,10,15,20,25,30,35\}$ $P(E) = \frac{7}{37}$

Aufgabe 4 (Seite 86)

a) P (schwarz) = $\frac{6}{25}$

b) P (rot) = $\frac{7}{25}$

c) P (nicht blau) = $\frac{21}{25}$

d) P (nicht gelb oder rot) = $\frac{10}{25}$

8.1 Prozentwert, Prozentsatz und Grundwert

Übung 1 (Seite 88/89)

a) $PW = \frac{6000 \cdot 4}{100} = 240\,€$

b) $PW = \frac{800 \cdot 17}{100} = 136\,g$

c) $PW = \frac{4200 \cdot 45}{100} = 1890\,€$

d) $PW = \frac{60 \cdot 15}{100} = 9$

Tine hat 9 Bonbons gegessen.

e) $PW = \frac{30 \cdot 70}{100} = 21$

Es sind noch 21 Pralinen da.

f) $PW = \frac{80 \cdot 70}{100} = 56$

Er hat bereits 56 Bilder gesammelt.

Übung 2 (Seite 90)

a) $p = \frac{45 \cdot 100}{128} = 25\,\%$

b) $p = \frac{1800 \cdot 100}{2000} = 90\,\%$

c) $p = \frac{198 \cdot 100}{200} = 99\,\%$

d) $p = \frac{720 \cdot 100}{1200} = 60\,\%$

Sie haben bereits 60 % der Strecke zurückgelegt.

e) $p = \frac{12 \cdot 100}{20} = 60\,\%$

Werder hat 60 % der Spiele gewonnen.

f) $p = \frac{10 \cdot 100}{40} = 25\,\%$

An 25 % der Ferientage hat es geregnet.

Übung 3 (Seite 91)

a) $GW = \frac{360 \cdot 100}{12} = 3000\,\$$

b) $GW = \frac{1160 \cdot 100}{58} = 2000\,kg$

c) $GW = \frac{2880 \cdot 100}{36} = 8000\,t$

d) $GW = \frac{4 \cdot 100}{25} = 16$ Tage

Der Urlaub dauert 16 Tage.

e) $GW = \frac{12 \cdot 100}{30} = 40\,€$

Luca hat 40 € bekommen.

f) $GW = \frac{10 \cdot 100}{40} = 25$

Es sind 25 Schüler in der Klasse.

8.2 Darstellung von Anteilen in Diagrammen

Übung 1 (Seite 93)

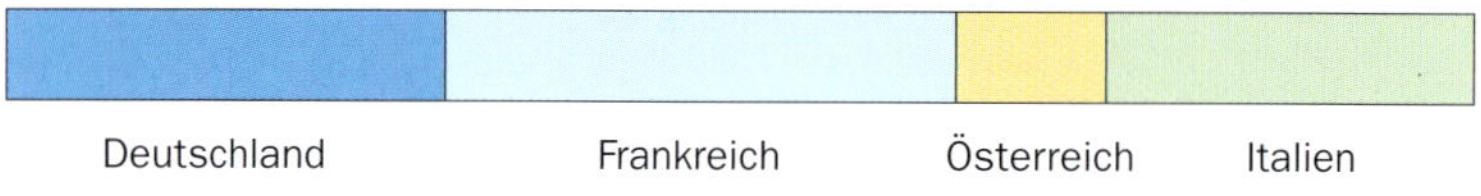

Übung 2 (Seite 94)

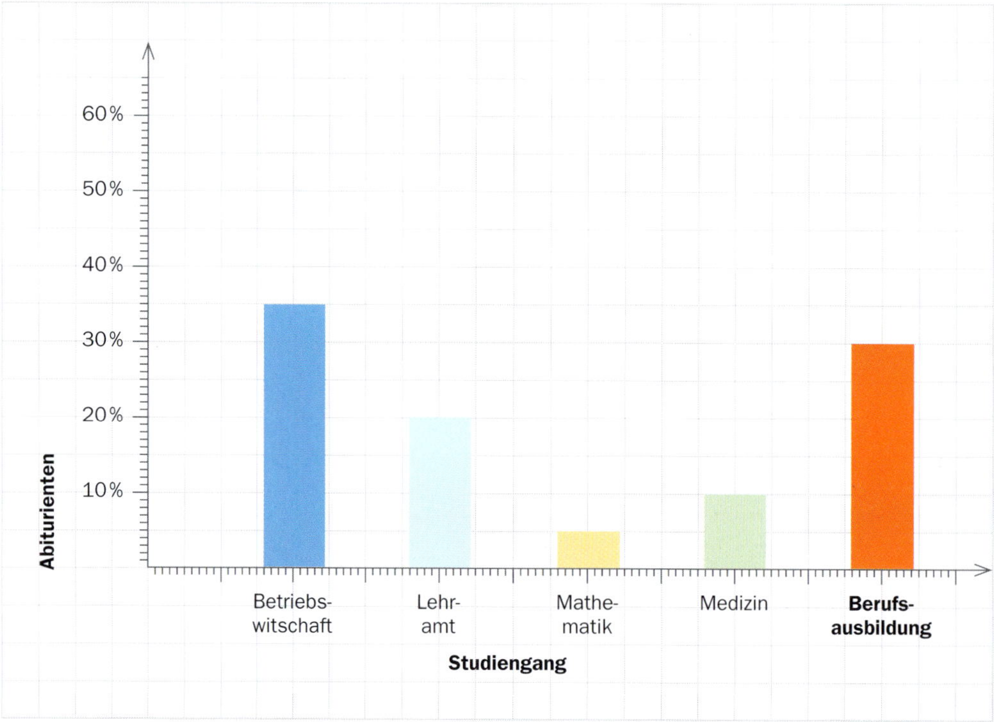

››› Übung 3 (Seite 94)

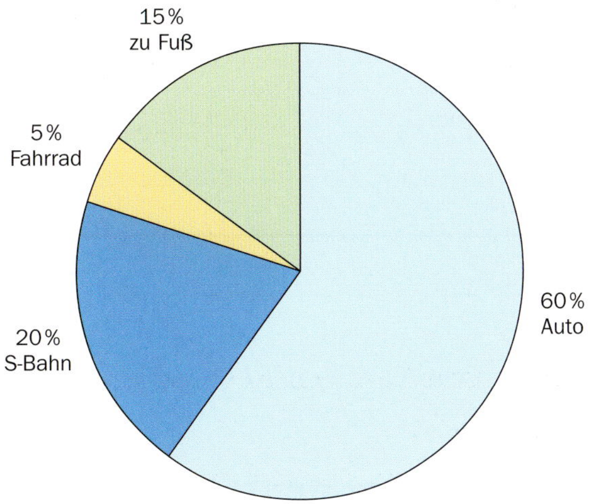

››› Übung 4 (Seite 94)

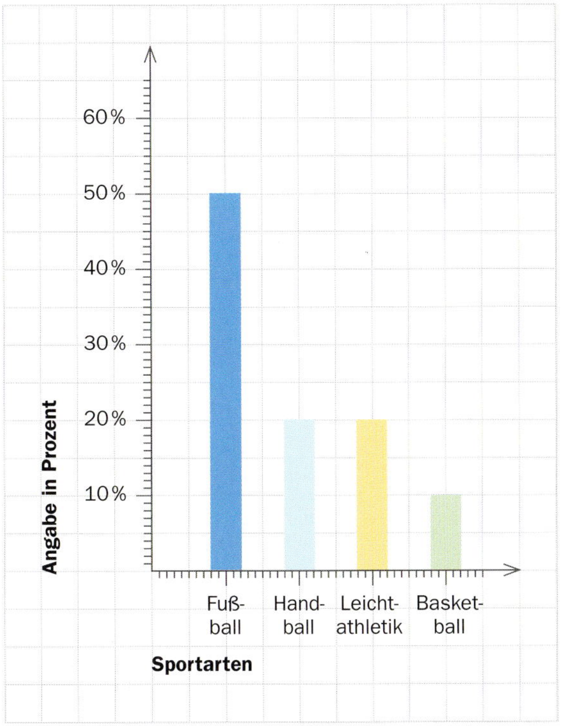

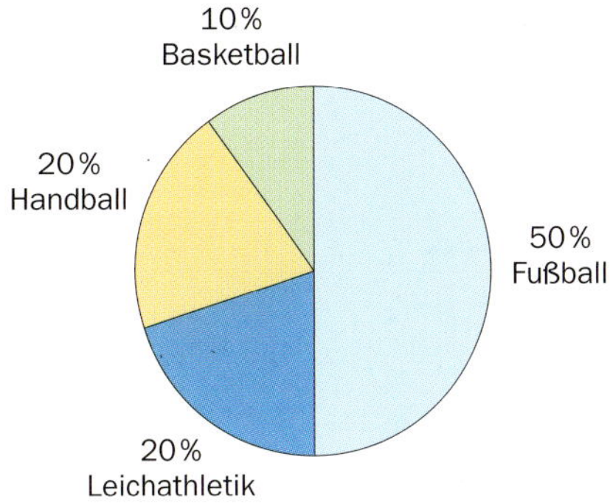

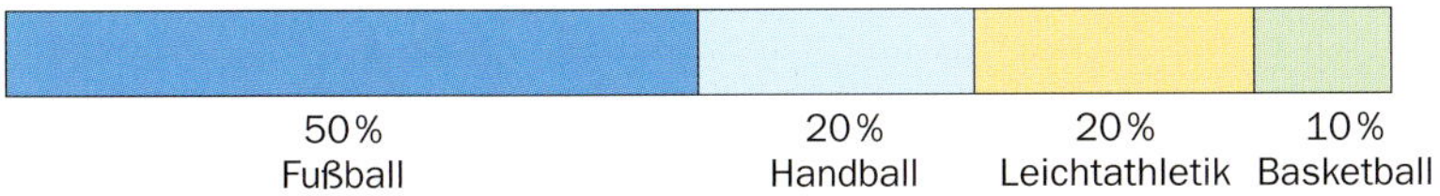

8.3 Zinsrechnung

››› Übung 1 (Seite 96)

a) $Z = \frac{2000 \cdot 12 \cdot 150}{100 \cdot 360} = 100\,€$

b) $t = \frac{15 \cdot 100 \cdot 360}{1200 \cdot 5} = 90$ Tage

c) $K = \frac{2400 \cdot 100 \cdot 360}{7{,}5 \cdot 200} = 57600\,€$

d) $Z = \frac{3000 \cdot 4{,}5 \cdot 120}{100 \cdot 360} = 45{,}00\,€$

Lara erhält 45 € Zinsen.

Abschlusstest

››› Aufgabe 1 (Seite 97)

a) $PW = \frac{800 \cdot 6}{100} = 48\,kg$

b) $p = \frac{20 \cdot 100}{400} = 5\,\%$

c) $GW = \frac{400 \cdot 100}{8} = 5000\,€$

d) $PW = \frac{12000 \cdot 4}{100} = 480\,mm$

››› Aufgabe 2 (Seite 97)

a) $p = \frac{100 \cdot 100}{4000} = 2{,}5\,\%$

b) $t = \frac{40 \cdot 100 \cdot 360}{800 \cdot 10} = 180$ Tage

c) $K = \frac{240 \cdot 100 \cdot 360}{60 \cdot 6} = 24000\,€$

d) $p = \frac{800 \cdot 100 \cdot 360}{40000 \cdot 90} = 8\,\%$

››› Aufgabe 3 (Seite 97)

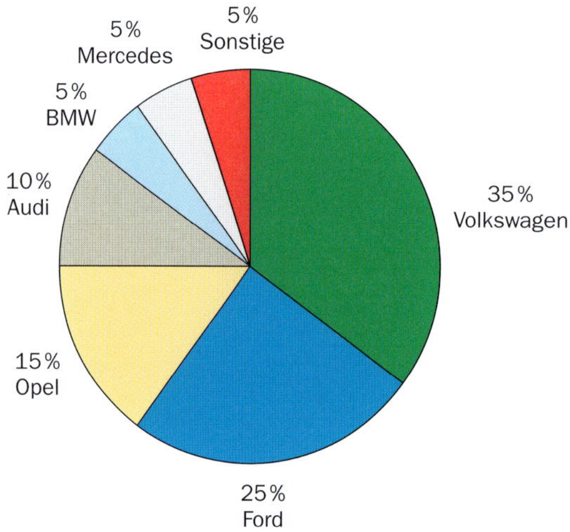

››› Aufgabe 4 (Seite 98)

a) Insgesamt haben 20 Schüler die Arbeit geschrieben.

b) 20 % Note 2, 50 % Note 3, 30 % Note 4

c)

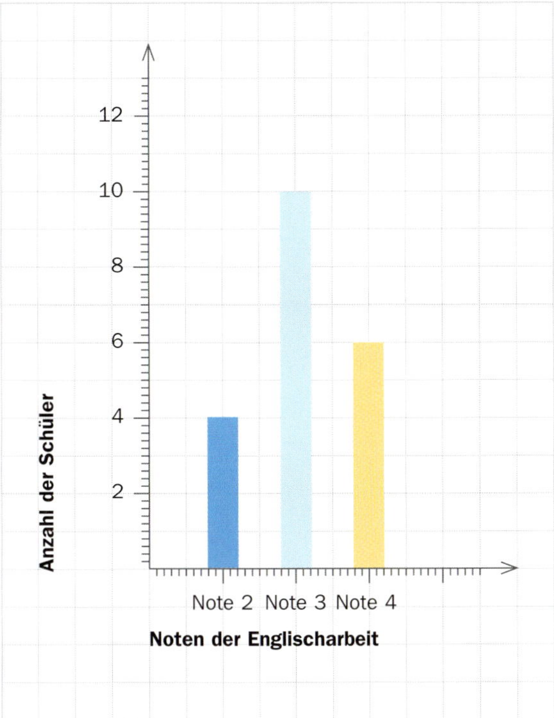

››› Aufgabe 5 (Seite 98)

$$p = \frac{80 \cdot 100}{2000} = 4\,\%$$

››› Aufgabe 6 (Seite 98)

$$K = \frac{10 \cdot 100 \cdot 360}{8 \cdot 100} = 450\,€$$

Stichwortfinder

Bildnachweis

DigitalStock
Seite 96 (links) © A. Bonn

Fotolia.com
Seite 5 (links) © Lisa F. Young; Seite 7 © Alexander Maier; Seite 19 (rechts) © yeehaaa; Seite 29 (links) © Klaus Eppele; Seite 29 (rechts) © Eisenhans; Seite 38 © Douglas McLaughlin; Seite 41 (rechts) © Ni Chun; Seite 44 © Chlorophylle; Seite 45 © Volker Werner; Seite 48 © lumen-digital; Seite 58 © Belphnaque; Seite 67 (links) © st-fotograf; Seite 69 (rechts) © somenski; Seite 77 (links) © Chlorophylle; Seite 83 © arsdigital; Seite 99 (links) © Tijana; Seite 99 (Mitte) © peshkova; Seite 99 (rechts) © Christian Schwier

photocase.com
Seite 9 © lama-photography; Seite 40 (links) © bit.it; Seite 40 (rechts) © joschagrafie; Seite 55 (rechts) © froodmat; Seite 64 © kokok; Seite 65 © priamos; Seite 71 © Miss X; Seite 77 (rechts) © complize; Seite 81 © Zisko; Seite 95 © ***DJ***;

Shutterstock.com
Seite 5 (rechts) © Hal_P; Seite 12 © windu; Seite 13 © Kiselev Andrey Valerevich; Seite 15 © Kzenon; Seite 19 (links) © wow; Seite 21 © Rashevskyi Viacheslav; Seite 30 © DNF-Style Photography; Seite 37 © JaySi; Seite 41 (links) © Monkey Business Images; Seite 50 © ZouZou; Seite 55 (links) © Monkey Business Images; Seite 67 (rechts) © Korn; Seite 69 (links) © ChaKrit; Seite 85 © MANDY GODBEHEAR; Seite 87 (links) © ZouZou; Seite 87 (rechts) © igor.stevanovic; Seite 89 (links) © Volodymyr Krasyuk; Seite 89 (rechts) © crolique; Seite 90 © DNF-Style Photography; Seite 96 (rechts) © sheff